U0316748

建设工程工程量清单计价编制与实例

# 市政工程工程量清单计价编制与实例

杜贵成　主编

机 械 工 业 出 版 社

本书以《建设工程工程量清单计价规范》(GB 50500—2013)、《市政工程工程量计算规范》(GB 50857—2013)等新规范、新标准为依据编写。内容包括概述、土石方工程清单工程量计算及实例、道路工程清单工程量计算及实例、桥涵工程清单工程量计算及实例、隧道工程清单工程量计算及实例、管网工程清单工程量计算及实例、水及生活垃圾处理工程清单工程量计算及实例、路灯工程清单工程量计算及实例、钢筋与拆除工程清单工程量计算及实例、市政工程工程量清单计价编制实例。

本书可供市政工程造价编制与管理人员使用,也可供高等院校相关专业师生学习参考。

**图书在版编目(CIP)数据**

市政工程工程量清单计价编制与实例/杜贵成主编. —北京:机械工业出版社,2016.6(2022.1重印)
(建设工程工程量清单计价编制与实例)
ISBN 978-7-111-53878-3

Ⅰ.①市… Ⅱ.①杜… Ⅲ.①市政工程-工程造价 Ⅳ.①TU723.3

中国版本图书馆 CIP 数据核字(2016)第 113923 号

机械工业出版社(北京市百万庄大街 22 号 邮政编码 100037)
策划编辑:闫云霞 责任编辑:范秋涛 责任校对:张 薇
封面设计:鞠 杨 责任印制:郜 敏
北京富资园科技发展有限公司印刷
2022 年 1 月第 1 版第 4 次印刷
184mm×260mm · 13.25 印张 · 315 千字
标准书号:ISBN 978-7-111-53878-3
定价:39.00 元

# 编委会名单

**主编** 杜贵成

**编委** 马　妍　　王立河　　王建伟　　白雅君

　　　　张凤武　　安　宁　　孙宏梅　　刘慧燕

　　　　张开立　　李玉飞　　杨　伟　　陈宗博

　　　　赵立华　　倪　睿　　崔　卓　　董　磊

# 前　言

市政设施工程本身的特点决定了它的建设资金主要来源于国家的投入和地方的资金筹措，而这些资金的使用效益，相对准确地计算工程量，不断提高造价编制水平，科学地反映工程的实际费用支出，是市政建设者努力和追求的方向。

为了更加广泛深入地推行工程量清单计价、规范建设工程发承包双方的计量、计价行为，国家颁布实施了《建设工程工程量清单计价规范》（GB 50500—2013）、《市政工程工程量计算规范》（GB 50857—2013）等新的计价规范。

本书共分为十章，内容包括：概述、土石方工程清单工程量计算及实例、道路工程清单工程量计算及实例、桥涵工程清单工程量计算及实例、隧道工程清单工程量计算及实例、管网工程清单工程量计算及实例、水及生活垃圾处理工程清单工程量计算及实例、路灯工程清单工程量计算及实例、钢筋与拆除工程清单工程量计算及实例、市政工程工程量清单计价编制实例。本书内容由浅入深，从理论到实例，主要涉及市政工程的造价部分，在内容安排上既有工程量清单的基本知识，又结合了工程实践，配有大量实例，达到理论知识与实际技能相结合，更方便读者对知识的掌握，方便查阅，可操作性强。

本书可供市政工程造价编制与管理人员使用，也可供高等院校相关专业师生学习参考。

由于编者经验和学识有限，尽管尽心尽力，疏漏或不妥之处在所难免，恳请有关专家和读者提出宝贵意见。

编　者

# 目　　录

# 第1章 概　　述

## 1.1　建筑安装工程费用构成与计算

### 一、按费用构成要素划分的构成与计算

#### 1. 按费用构成要素划分的费用构成

建筑安装工程费按照费用构成要素划分：由人工费、材料（包含工程设备，下同）费、施工机具使用费、企业管理费、利润、规费和税金组成。其中人工费、材料费、施工机具使用费、企业管理费和利润包含在分部分项工程费、措施项目费、其他项目费中，如图1-1所示。

（1）人工费　人工费是指按工资总额构成规定，支付给从事建筑安装工程施工的生产工人和附属生产单位工人的各项费用，其内容包括：

1）计时工资或计件工资是指按计时工资标准和工作时间或对已做工作按计件单价支付给个人的劳动报酬。

2）奖金：是指对超额劳动和增收节支支付给个人的劳动报酬。如节约奖、劳动竞赛奖等。

3）津贴、补贴：是指为了补偿职工特殊或额外的劳动消耗和因其他特殊原因支付给个人的津贴，以及为了保证职工工资水平不受物价影响支付给个人的物价补贴。如流动施工津贴、特殊地区施工津贴、高温（寒）作业临时津贴、高处津贴等。

4）加班加点工资：是指按规定支付的在法定节假日工作的加班工资和在法定日工作时间外延时工作的加点工资。

5）特殊情况下支付的工资：是指根据国家法律、法规和政策规定，因病、工伤、产假、计划生育假、婚丧假、事假、探亲假、定期休假、停工学习、执行国家或社会义务等原因按计时工资标准或计时工资标准的一定比例支付的工资。

（2）材料费　材料费是指施工过程中耗费的原材料、辅助材料、构配件、零件、半成品或成品、工程设备的费用。内容包括：

1）材料原价：是指材料、工程设备的出厂价格或商家供应价格。

2）运杂费：是指材料、工程设备自来源地运至工地仓库或指定堆放地点所发生的全部费用。

3）运输损耗费：是指材料在运输装卸过程中不可避免的损耗。

4）采购及保管费：是指为组织采购、供应和保管材料、工程设备的过程中所需要的各项费用。包括采购费、仓储费、工地保管费、仓储损耗。

工程设备是指构成或计划构成永久工程一部分的机电设备、金属结构设备、仪器装置及其他类似的设备和装置。

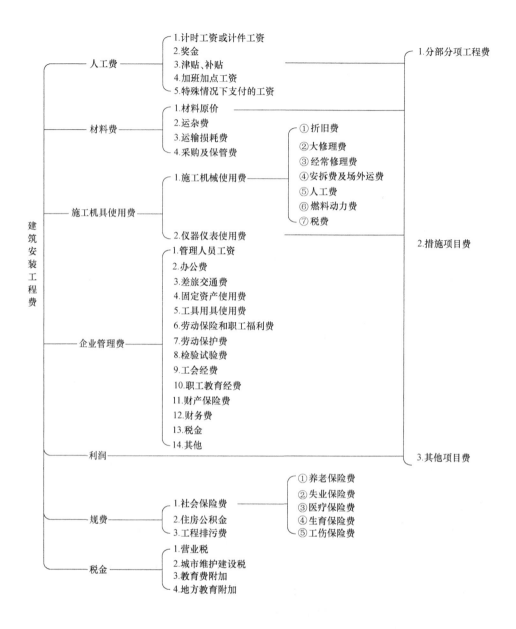

图1-1　建筑安装工程费用项目组成（按费用构成要素划分）

（3）施工机具使用费　施工机具使用费是指施工作业所发生的施工机械、仪器仪表使用费或其租赁费。

1）施工机械使用费以施工机械台班耗用量乘以施工机械台班单价表示，施工机械台班单价应由下列几项费用组成：

① 折旧费：是指施工机械在规定的使用年限内，陆续收回其原值的费用。

② 大修理费：是指施工机械按规定的大修理间隔台班进行必要的大修理，以恢复其正常功能所需的费用。

③ 经常修理费：是指施工机械除大修理以外的各级保养和临时故障排除所需的费用。

包括为保障机械正常运转所需替换设备与随机配备工具附具的摊销和维护费用，机械运转中日常保养所需润滑与擦拭的材料费用及机械停滞期间的维护和保养费用等。

④ 安拆费及场外运费：安拆费是指施工机械（大型机械除外）在现场进行安装与拆卸所需的人工、材料、机械和试运转费用以及机械辅助设施的折旧、搭设、拆除等费用；场外运费是指施工机械整体或分体自停放地点运至施工现场或由一施工地点运至另一施工地点的运输、装卸、辅助材料及架线等费用。

⑤ 人工费：是指机上司机（司炉）和其他操作人员的人工费。

⑥ 燃料动力费：是指施工机械在运转作业中所消耗的各种燃料及水、电等。

⑦ 税费：是指施工机械按照国家规定应缴纳的车船使用税、保险费及年检费等。

2）仪器仪表使用费是指工程施工所需使用的仪器仪表的摊销及维修费用。

（4）企业管理费　企业管理费是指建筑安装企业组织施工生产和经营管理所需的费用。内容包括：

1）管理人员工资：是指按规定支付给管理人员的计时工资、奖金、津贴补贴、加班加点工资及特殊情况下支付的工资等。

2）办公费：是指企业管理办公用的文具、纸张、账表、印刷、邮电、书报、办公软件、现场监控、会议、水电、烧水和集体取暖降温（包括现场临时宿舍取暖降温）等费用。

3）差旅交通费：是指职工因公出差、调动工作的差旅费、住勤补助费，市内交通费和误餐补助费，职工探亲路费，劳动力招募费，职工退休、退职一次性路费，工伤人员就医路费，工地转移费以及管理部门使用的交通工具的油料、燃料等费用。

4）固定资产使用费：是指管理和试验部门及附属生产单位使用的属于固定资产的房屋、设备、仪器等的折旧、大修、维修或租赁费。

5）工具用具使用费：是指企业施工生产和管理使用的不属于固定资产的工具、器具、家具、交通工具和检验、试验、测绘、消防用具等的购置、维修和摊销费。

6）劳动保险和职工福利费：是指由企业支付的职工退职金、按规定支付给离休干部的经费，集体福利费、夏季防暑降温、冬季取暖补贴、上下班交通补贴等。

7）劳动保护费：是指企业按规定发放的劳动保护用品的支出。如工作服、手套、防暑降温饮料以及在有碍身体健康的环境中施工的保健费用等。

8）检验试验费：是指施工企业按照有关标准规定，对建筑以及材料、构件和建筑安装物进行一般鉴定、检查所发生的费用，包括自设试验室进行试验所耗用的材料等费用。不包括新结构、新材料的试验费，对构件做破坏性试验及其他特殊要求检验试验的费用和建设单位委托检测机构进行检测的费用，对此类检测发生的费用，由建设单位在工程建设其他费用中列支。但对施工企业提供的具有合格证明的材料进行检测不合格的，该检测费用由施工企业支付。

9）工会经费：是指企业按《工会法》规定的全部职工工资总额比例计提的工会经费。

10）职工教育经费：是指按职工工资总额的规定比例计提，企业为职工进行专业技术和职业技能培训，专业技术人员继续教育、职工职业技能鉴定、职业资格认定以及根据需要对职工进行各类文化教育所发生的费用。

11）财产保险费：是指施工管理用财产、车辆等的保险费用。

12）财务费：是指企业为施工生产筹集资金或提供预付款担保、履约担保、职工工资支付担保等所发生的各种费用。

13）税金：是指企业按规定缴纳的房产税、车船使用税、土地使用税、印花税等。

14）其他：包括技术转让费、技术开发费、投标费、业务招待费、绿化费、广告费、公证费、法律顾问费、审计费、咨询费、保险费等。

（5）利润　利润是指施工企业完成所承包工程获得的盈利。

（6）规费　规费是指按国家法律、法规规定，由省级政府和省级有关权力部门规定必须缴纳或计取的费用，其中包括：

1）社会保险费：

① 养老保险费：是指企业按照规定标准为职工缴纳的基本养老保险费。

② 失业保险费：是指企业按照规定标准为职工缴纳的失业保险费。

③ 医疗保险费：是指企业按照规定标准为职工缴纳的基本医疗保险费。

④ 生育保险费：是指企业按照规定标准为职工缴纳的生育保险费。

⑤ 工伤保险费：是指企业按照规定标准为职工缴纳的工伤保险费。

2）住房公积金：是指企业按照规定标准为职工缴纳的住房公积金。

3）工程排污费：是指按照规定缴纳的施工现场工程排污费。

其他应列而未列入的规费，按实际发生计取。

（7）税金　税金是指国家税法规定的应计入建筑安装工程造价内的营业税、城市维护建设税、教育费附加以及地方教育附加。

**2. 按费用构成要素划分的费用计算**

（1）人工费

$$人工费 = \sum（工日消耗量 \times 日工资单价）\tag{1-1}$$

$$日工资单价 = \frac{生产工人平均月工资（计时计件）+ 平均月（奖金 + 津贴补贴 + 特殊情况下支付的工资）}{年平均每月法定工作日}\tag{1-2}$$

注：式（1-1）主要适用于施工企业投标报价时自主确定人工费，也是工程造价管理机构编制计价定额确定定额人工单价或发布人工成本信息的参考依据。

$$人工费 = \sum（工程工日消耗量 \times 日工资单价）\tag{1-3}$$

日工资单价是指施工企业平均技术熟练程度的生产工人在每工作日（国家法定工作时间内）按规定从事施工作业应得的日工资总额。

工程造价管理机构确定日工资单价应通过市场调查、根据工程项目的技术要求，参考实物工程量人工单价综合分析确定，最低日工资单价不得低于工程所在地人力资源和社会保障部门所发布的最低工资标准的：普工1.3倍、一般技工2倍、高级技工3倍。

工程计价定额不可只列一个综合工日单价，应根据工程项目技术要求和工种差别适当划分多种日人工单价，确保各分部工程人工费的合理构成。

注：式（1-3）适用于工程造价管理机构编制计价定额时确定定额人工费，是施工企业投标报价的参考依据。

（2）材料费

1）材料费：

$$材料费 = \sum (材料消耗量 \times 材料单价) \tag{1-4}$$

$$材料单价 = \{(材料原价 + 运杂费) \times [1 + 运输损耗率(\%)]\} \times [1 + 采购保管费率(\%)] \tag{1-5}$$

2）工程设备费：

$$工程设备费 = \sum (工程设备量 \times 工程设备单价) \tag{1-6}$$

$$工程设备单价 = (设备原价 + 运杂费) \times [1 + 采购保管费率(\%)] \tag{1-7}$$

（3）施工机具使用费

1）施工机械使用费：

$$施工机械使用费 = \sum (施工机械台班消耗量 \times 机械台班单价) \tag{1-8}$$

$$机械台班单价 = 台班折旧费 + 台班大修费 + 台班经常修理费 + 台班安拆费$$
$$及场外运费 + 台班人工费 + 台班燃料动力费 + 台班车船税费 \tag{1-9}$$

注：工程造价管理机构在确定计价定额中的施工机械使用费时，应根据《建筑施工机械台班费用计算规则》结合市场调查编制施工机械台班单价。施工企业可以参考工程造价管理机构发布的台班单价，自主确定施工机械使用费的报价，如租赁施工机械，公式为：施工机械使用费 = $\sum$（施工机械台班消耗量 × 机械台班租赁单价）

2）仪器仪表使用费：

$$仪器仪表使用费 = 工程使用的仪器仪表摊销费 + 维修费 \tag{1-10}$$

（4）企业管理费费率

1）以分部分项工程费为计算基础：

$$企业管理费费率(\%) = \frac{生产工人年平均管理费}{年有效施工天数 \times 人工单价} \times$$
$$人工费占分部分项目工程费比例(\%) \tag{1-11}$$

2）以人工费和机械费合计为计算基础：

$$企业管理费费率(\%) = \frac{生产工人年平均管理费}{年有效施工天数 \times (人工单价 + 每一工日机械使用费)} \times 100\% \tag{1-12}$$

3）以人工费为计算基础：

$$企业管理费费率(\%) = \frac{生产工人年平均管理费}{年有效施工天数 \times 人工单价} \times 100\% \tag{1-13}$$

注：上述公式适用于施工企业投标报价时自主确定管理费，是工程造价管理机构编制计价定额，确定企业管理费的参考依据。

工程造价管理机构在确定计价定额中企业管理费时，应以定额人工费或定额人工费 + 定额机械费作为计算基数，其费率根据历年工程造价积累的资料，辅以调查数据确定，列入分部分项工程和措施项目中。

（5）利润

1）施工企业根据企业自身需求并结合建筑市场实际自主确定，列入报价中。

2）工程造价管理机构在确定计价定额中利润时，应以定额人工费或定额人工费 + 定额机械费作为计算基数，其费率根据历年工程造价积累的资料，并结合建筑市场实际确定，以单位（单项）工程测算，利润在税前建筑安装工程费的比重可按不低于5%且不高于7%的费率计算。利润应列入分部分项工程和措施项目中。

（6）规费

1）社会保险费和住房公积金应以定额人工费为计算基础，根据工程所在地省、自治区、直辖市或行业建设主管部门规定费率计算。

$$社会保险费和住房公积金 = \sum(工程定额人工费 \times 社会保险费和住房公积金费率)$$

$$(1-14)$$

式中，社会保险费和住房公积金费率可以每万元发承包价的生产工人人工费和管理人员工资含量与工程所在地规定的缴纳标准综合分析取定。

2）工程排污费等其他应列而未列入的规费应按工程所在地环境保护等部门规定的标准缴纳，按实计取列入。

（7）税金　税金计算公式：

$$税金 = 税前造价 \times 综合税率(\%)$$

$$(1-15)$$

综合税率：

1）纳税地点在市区的企业：

$$综合税率(\%) = \frac{1}{1 - 3\% - (3\% \times 7\%) - (3\% \times 3\%) - (3\% \times 2\%)} - 1$$

$$(1-16)$$

2）纳税地点在县城、镇的企业：

$$综合税率(\%) = \frac{1}{1 - 3\% - (3\% \times 5\%) - (3\% \times 3\%) - (3\% \times 2\%)} - 1$$

$$(1-17)$$

3）纳税地点不在市区、县城、镇的企业：

$$综合税率(\%) = \frac{1}{1 - 3\% - (3\% \times 1\%) - (3\% \times 3\%) - (3\% \times 2\%)} - 1$$

$$(1-18)$$

4）实行营业税改增值税的，按纳税地点现行税率计算。

## 二、按造价形式划分的构成与计算

### 1. 按造价形式划分的费用构成

建筑安装工程费按照工程造价形式由分部分项工程费、措施项目费、其他项目费、规费、税金组成，分部分项工程费、措施项目费、其他项目费包含人工费、材料费、施工机具使用费、企业管理费和利润，如图1-2所示。

（1）分部分项工程费　分部分项工程费是指各专业工程的分部分项工程应予列支的各项费用。

1）专业工程是指按现行国家计量规范划分的房屋建筑与装饰工程、仿古建筑工程、通用安装工程、市政工程、园林绿化工程、矿山工程、构筑物工程、城市轨道交通工程、爆破工程等各类工程。

2）分部分项工程是指按现行国家计量规范对各专业工程划分的项目。如市政工程划分的土石方工程、道路工程、桥涵工程、隧道工程、管网工程、水处理工程、生活垃圾处理工程、路灯工程、钢筋工程及拆除工程等。

各类专业工程的分部分项工程划分见现行国家或行业计量规范。

（2）措施项目费　措施项目费是指为完成建设工程施工，发生于该工程施工前和施工

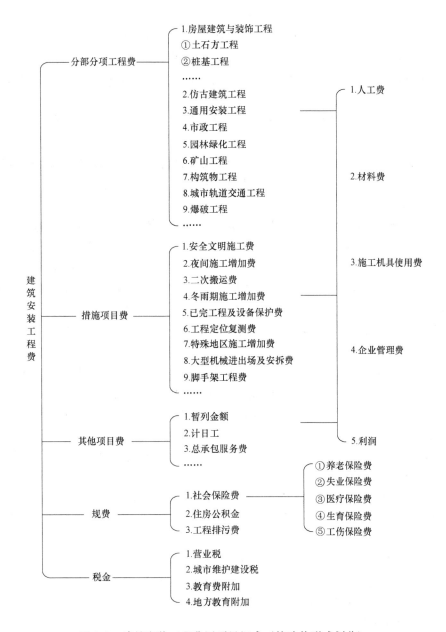

图 1-2 建筑安装工程费用项目组成（按造价形式划分）

过程中的技术、生活、安全、环境保护等方面的费用，其内容包括：

1）安全文明施工费：

① 环境保护费是指施工现场为达到环保部门要求所需要的各项费用。

② 文明施工费是指施工现场文明施工所需要的各项费用。

③ 安全施工费是指施工现场安全施工所需要的各项费用。

④ 临时设施费是指施工企业为进行建设工程施工所必须搭设的生活和生产用的临时建筑物、构筑物和其他临时设施费用。包括临时设施的搭设、维修、拆除、清理费或摊销费等。

2）夜间施工增加费是指因夜间施工所发生的夜班补助费、夜间施工降效、夜间施工照明设备摊销及照明用电等费用。

3）二次搬运费是指因施工场地条件限制而发生的材料、构配件、半成品等一次运输不能到达堆放地点，必须进行二次或多次搬运所发生的费用。

4）冬雨期施工增加费是指在冬季或雨季施工需增加的临时设施、防滑、排除雨雪，人工及施工机械效率降低等费用。

5）已完工程及设备保护费是指竣工验收前，对已完工程及设备采取的必要保护措施所发生的费用。

6）工程定位复测费是指工程施工过程中进行全部施工测量放线和复测工作的费用。

7）特殊地区施工增加费是指工程在沙漠或其边缘地区、高海拔、高寒、原始森林等特殊地区施工增加的费用。

8）大型机械设备进出场及安拆费是指机械整体或分体自停放场地运至施工现场或由一个施工地点运至另一个施工地点，所发生的机械进出场运输与转移费用及机械在施工现场进行安装、拆卸所需的人工费、材料费、机械费、试运转费和安装所需的辅助设施的费用。

9）脚手架工程费是指施工需要的各种脚手架搭、拆、运输费用以及脚手架购置费的摊销（或租赁）费用。

措施项目及其包含的内容详见各类专业工程的现行国家或行业计量规范。

（3）其他项目费

1）暂列金额是指建设单位在工程量清单中暂定并包括在工程合同价款中的一笔款项。用于施工合同签订时尚未确定或者不可预见的所需材料、工程设备、服务的采购，施工中可能发生的工程变更、合同约定调整因素出现时的工程价款调整以及发生的索赔、现场签证确认等的费用。

2）计日工是指在施工过程中，施工企业完成建设单位提出的施工图样以外的零星项目或工作所需的费用。

3）总承包服务费是指总承包人为配合、协调建设单位进行的专业工程发包，对建设单位自行采购的材料、工程设备等进行保管以及施工现场管理、竣工资料汇总整理等服务所需的费用。

（4）规费　规费定义同"一、按费用构成要素划分的构成与计算"。

（5）税金　税金定义同"一、按费用构成要素划分的构成与计算"。

**2. 按造价形式划分的费用计算**

（1）分部分项工程费

$$分部分项工程费 = \sum（分部分项工程量 \times 综合单价） \qquad (1\text{-}19)$$

式中，综合单价包括人工费、材料费、施工机具使用费、企业管理费和利润以及一定范围的风险费用（下同）。

（2）措施项目费

1）国家计量规范规定应予计量的措施项目，其计算公式为：

$$措施项目费 = \sum（措施项目工程量 \times 综合单价） \qquad (1\text{-}20)$$

2）国家计量规范规定不宜计量的措施项目计算方法如下：

① 安全文明施工费：

$$安全文明施工费 = 计算基数 \times 安全文明施工费费率（\%） \qquad (1\text{-}21)$$

计算基数应为定额基价（定额分部分项工程费＋定额中可以计量的措施项目费）、定额人工费或定额人工费＋定额机械费，其费率由工程造价管理机构根据各专业工程的特点综合确定。

② 夜间施工增加费：

$$夜间施工增加费 = 计算基数 × 夜间施工增加费费率(\%) \tag{1-22}$$

③ 二次搬运费：

$$二次搬运费 = 计算基数 × 二次搬运费费率(\%) \tag{1-23}$$

④ 冬雨期施工增加费：

$$冬雨期施工增加费 = 计算基数 × 冬雨期施工增加费费率(\%) \tag{1-24}$$

⑤ 已完工程及设备保护费：

$$已完工程及设备保护费 = 计算基数 × 已完工程及设备保护费费率(\%) \tag{1-25}$$

上述①～⑤项措施项目的计费基数应为定额人工费或定额人工费＋定额机械费，其费率由工程造价管理机构根据各专业工程特点和调查资料综合分析后确定。

（3）其他项目费

1）暂列金额由建设单位根据工程特点，按有关计价规定估算，施工过程中由建设单位掌握使用、扣除合同价款调整后如有余额，归建设单位。

2）计日工由建设单位和施工企业按施工过程中的签证计价。

3）总承包服务费由建设单位在招标控制价中根据总承包服务范围和有关计价规定编制，施工企业投标时自主报价，施工过程中按签约合同价执行。

（4）规费和税金　建设单位和施工企业均应按照省、自治区、直辖市或行业建设主管部门发布标准计算规费和税金，不得作为竞争性费用。

**3. 相关问题的说明**

1）各专业工程计价定额的编制及其计价程序，均按上述计算方法实施。

2）各专业工程计价定额的使用周期原则上为5年。

3）工程造价管理机构在定额使用周期内，应及时发布人工、材料、机械台班价格信息，实行工程造价动态管理，如遇国家法律、法规、规章或相关政策变化以及建筑市场物价波动较大时，应适时调整定额人工费、定额机械费以及定额基价或规费费率，使建筑安装工程费能反映建筑市场实际。

4）建设单位在编制招标控制价时，应按照各专业工程的计量规范和计价定额以及工程造价信息编制。

5）施工企业在使用计价定额时除不可竞争费用外，其余仅作参考，由施工企业投标时自主报价。

# 1.2　工程量清单计价表格与填制说明及使用规定

## 一、工程量清单计价表格与填制说明

### 1. 工程计价文件封面

（1）招标工程量清单封面：封-1

填制说明：招标工程量清单封面应填写招标工程项目的具体名称，招标人应盖单位公章，如委托工程造价咨询人编制，还应由其加盖相同单位公章。

招标人委托工程造价咨询人编制招标工程量清单的封面，除招标人盖单位公章外，还应加盖受委托编制招标工程量清单的工程造价咨询人的单位公章。

（2）招标控制价封面：封-2

填制说明：招标控制价封面应填写招标工程项目的具体名称，招标人应盖单位公章，如委托工程造价咨询人编制，还应由其加盖相同单位公章。

招标人委托工程造价咨询人编制招标控制价的封面，除招标人盖单位公章外，还应加盖受委托编制招标控制价的工程造价咨询人的单位公章。

（3）投标总价封面：封-3

填制说明：投标总价封面应填写投标工程的具体名称，投标人应盖单位公章。

（4）竣工结算书封面：封-4

填制说明：竣工结算书封面应填写竣工工程的具体名称，发承包双方应盖其单位公章，如委托工程造价咨询人办理的，还应加盖其单位公章。

（5）工程造价鉴定意见书封面：封-5

填制说明：工程造价鉴定意见书封面应填写鉴定工程项目的具体名称，填写意见书文号，工程造价咨询人盖单位公章。

## 2. 工程计价文件扉页

（1）招标工程量清单扉页：扉-1

填制说明：

1）招标人自行编制工程量清单时，由招标人单位注册的造价人员编制，招标人盖单位公章，法定代表人或其授权人签字或盖章。编制人是造价工程师的，由其签字盖执业专用章；编制人是造价员的，在编制人栏签字盖专用章，应由造价工程师复核，并在复核人栏签字盖执业专用章。

2）招标人委托工程造价咨询人编制工程量清单时，由工程造价咨询人单位注册的造价人员编制，工程造价咨询人盖单位资质专用章，法定代表人或其授权人签字或盖章。编制人是造价工程师的，由其签字盖执业专用章；编制人是造价员的，在编制人栏签字盖专用章，应由造价工程师复核，并在复核人栏签字盖执业专用章。

（2）招标控制价扉页：扉-2

填制说明：

1）招标人自行编制招标控制价时，由招标人单位注册的造价人员编制，招标人盖单位公章，法定代表人或其授权人签字或盖章。编制人是造价工程师的，由其签字盖执业专用章；编制人是造价员的，由其在编制人栏签字盖专用章，应由造价工程师复核，并在复核人栏签字盖执业专用章。

2）招标人委托工程造价咨询人编制招标控制价时，由工程造价咨询人单位注册的造价人员编制，工程造价咨询人盖单位资质专用章，法定代表人或其授权人签字或盖章。编制人是造价工程师的，由其签字盖执业专用章；编制人是造价员的，在编制人栏签字盖专用章，应由造价工程师复核。并在复核人栏签字盖执业专用章。

（3）投标总价扉页：扉-3

填制说明：投标人编制投标报价时，由投标人单位注册的造价人员编制，投标人盖单位公章，法定代表人或其授权人签字或盖章，编制的造价人员（造价工程师或造价员）签字盖执业专用章。

（4）竣工结算总价扉页：扉-4

填制说明：

1）承包人自行编制竣工结算总价，由承包人单位注册的造价人员编制，承包人盖单位公章，法定代表人或其授权人签字或盖章，编制的造价人员（造价工程师或造价员）在编制人栏签字盖执业专用章。

发包人自行核对竣工结算时，由发包人单位注册的造价工程师核对，发包人盖单位公章，法定代表人或其授权人签字或盖章，造价工程师在核对人栏签字盖执业专用章。

2）发包人委托工程造价咨询人核对竣工结算时，由工程造价咨询人单位注册的造价工程师核对，发包人盖单位公章，法定代表人或其授权人签字或盖章；工程造价咨询人盖单位资质专用章，法定代表人或其授权人签字或盖章，造价工程师在核对人栏签字盖执业专用章。

除非出现发包人拒绝或不答复承包人竣工结算书的特殊情况，竣工结算办理完毕后，竣工结算总价封面发承包双方的签字、盖章应当齐全。

（5）工程造价鉴定意见书扉页：扉-5

填制说明：工程造价咨询人应盖单位资质专用章，法定代表人或其授权人签字或盖章，造价工程师签字盖执业专用章。

**3. 工程计价总说明**

总说明：表-01。

填制说明：

1）工程量清单总说明的内容应包括：

① 工程概况：如建设地址、建设规模、工程特征、交通状况、环保要求等。

② 工程发包、分包范围。

③ 工程量清单编制依据：如采用的标准、施工图样、标准图集等。

④ 使用材料设备、施工的特殊要求等。

⑤ 其他需要说明的问题。

2）招标控制价总说明的内容应包括：采用的计价依据；采用的施工组织设计；采用的材料价格来源；综合单价中风险因素、风险范围（幅度）；其他。

3）投标报价总说明的内容应包括：采用的计价依据；采用的施工组织设计；综合单价中风险因素、风险范围（幅度）；措施项目的依据；其他有关内容的说明等。

4）竣工结算总说明的内容应包括：工程概况；编制依据；工程变更；工程价款调整；索赔；其他等。

**4. 工程计价汇总表**

（1）建设项目招标控制价/投标报价汇总表：表-02

（2）单项工程招标控制价/投标报价汇总表：表-03

（3）单位工程招标控制价/投标报价汇总表：表-04

填制说明：

1）招标控制价使用表-02、表-03、表-04。由于编制招标控制价和投标控制价包含的内容相同，只是对价格的处理不同，因此，对招标控制价和投标报价汇总表的设计使用同一表格。实践中，招标控制价或投标报价可分别印制该表格。

2）投标报价使用表-02、表-03、表-04。与招标控制价的表样一致，此处需要说明的是，投标报价汇总表与投标函中投标报价金额应当一致。就投标文件的各个组成部分而言，投标函是最重要的文件，其他组成部分都是投标函的支持性文件，投标函是必须经过投标人签字盖章，并且在开标会上当众宣读的文件。如果投标报价汇总表的投标总价与投标函填报的投标总价不一致，应当以投标函中填写的大写金额为准。实践中，对该原则一直缺少一个明确的依据，为了避免出现争议，可以在"投标人须知"中给予明确，用在招标文件中预先给予明示约定的方式来弥补法律法规依据的不足。

（4）建设项目竣工结算汇总表：表-05

（5）单项工程竣工结算汇总表：表-06

（6）单位工程竣工结算汇总表：表-07

**5. 分部分项工程和措施项目计价表**

（1）分部分项工程和单价措施项目清单与计价表：表-08

填制说明：《建设工程工程量清单计价规范》（GB 50500—2013）将招标工程量清单表与工程量清单计价表两表合一，大大减少了投标人因两表分设而可能带来的出错几率。此表不只是编制投标工程量清单的表式，也是编制招标控制价、投标价、竣工结算的最基本的用表。

1）编制工程量清单时，"工程名称"栏应填写具体的工程称谓，对于房屋建筑，通常并无标段划分，可不填写"标段"栏；但相对管道敷设、道路施工等则往往以标段划分，此时应填写"标段"栏，其他各表涉及此类设置，道理相同。

"项目编码"栏应按相关工程国家计量规范项目编码栏内规定的 9 位数字另加 3 位顺序码填写。

"项目名称"栏应按相关工程国家计量规范根据拟建工程实际确定填写。

"项目描述"栏应按相关工程国家计量规范根据拟建工程实际予以描述。

"计量单位"栏应按相关工程国家计量规范的规定填写。有的项目规范中有两个或两个以上计量单位的，应按照最适宜计量的方式选择其中一个填写。

"工程量"栏应按相关工程国家计量规范规定的工程量计算规则计算填写。

按照本表的注示：为了记取规费等的使用，可在表中增设其中："定额人工费"，由于各省、自治区、直辖市以及行业建设主管部门对规费记取基础的不同设置，可灵活处理。

2）编制招标控制价时，其项目编码、项目名称、项目特征、计量单位、工程量栏不变，对"综合单价"、"合价"以及"其中：暂估价"按《建设工程工程量清单计价规范》（GB 50500—2013）的规定填写。

3）编制投标报价时，招标人对表中的"项目编码"、"项目名称"、"项目特征"、"计量单位"、"工程量"均不应做改动。"综合单价"、"合价"自主决定填写，对其中的"暂估价"栏，投标人应将招标文件中提供了暂估材料单价的暂估价进入综合单价，并应计算出暂估单价的材料在"综合单价"及其"合价"中的具体数额，因此，为更详细反映暂估价情况，也可在表中增设一栏"综合单价"其中的"暂估价"。

4）编制竣工结算时，分部分项工程和单价措施项目清单与计价表中可取消"暂估价"。

（2）综合单价分析表：表-09

填制说明：工程量清单综合单价分析表是评标委员会评审和判别综合单价组成以及其价格完整性、合理性的主要基础，对因工程变更、工程量偏差等原因调整综合单价也是必不可少的基础价格数据来源。采用经评审的最低投标价法评标时，该分析表的重要性更加突出。

编制综合单价分析表对辅助性材料不必细列，可归并到其他材料费中以金额表示。

1）编制招标控制价时，使用综合单价分析表应填写使用的省级或行业建设主管部门发布的计价定额名称。

2）编制投标报价时，使用综合单价分析表应填写使用的企业定额名称，也可填写使用的省级或行业建设主管部门发布的计价定额，如不使用则不填写。

3）编制工程结算时，应在已标价工程量清单中的综合单价分析表中将确定的调整过的人工单价、材料单价等进行置换，形成调整后的综合单价。

（3）综合单价调整表：表-10

填制说明：综合单价调整表是新增表格，用于由于各种合同约定调整因素出现时调整综合单价，此表实际上是一个汇总性质的表，各种调整依据应附表后，并且注意，项目编码、项目名称必须与已标价工程量清单保持一致，不得发生错漏，以免发生争议。

（4）总价措施项目清单与计价表：表-11

填制说明：

1）编制工程量清单时，表中的项目可根据工程实际情况进行增减。

2）编制招标控制价时，计费基础、费率应按省级或行业建设主管部门的规定记取。

3）编制投标报价时，除"安全文明施工费"必须按《建设工程工程量清单计价规范》（GB 50500—2013）的强制性规定，按省级或行业建设主管部门的规定记取外，其他措施项目均可根据投标施工组织设计自主报价。

4）编制工程结算时，如省级或行业建设主管部门调整了安全文明施工费，应按调整后的标准计算此费用，其他总价措施项目经发承包双方协商进行了调整的，按调整后的标准计算。

**6. 其他项目计价表**

（1）其他项目清单与计价汇总表：表-12

填制说明：使用本表时，由于计价阶段的差异，应注意：

1）编制招标工程量清单时，应汇总"暂列金额"和"专业工程暂估价"，以提供给投标报价。

2）编制招标控制价时，应按有关计价规定估算"计日工"和"总承包服务费"。如招标工程量清单中未列"暂列金额"，应按有关规定编列。

3）编制投标报价时，应按招标工程量清单提供的"暂估金额"和"专业工程暂估价"填写金额，不得变动。"计日工"、"总承包服务费"自主确定报价。

4）编制或核对工程结算，"专业工程暂估价"按实际分包结算价填写，"计日工"、"总承包服务费"按双方认可的费用填写，如发生"索赔"或"现场签证"费用，按双方认可的金额计入该表。

（2）暂列金额明细表：表-12-1

填制说明：要求招标人能将暂列金额与拟用项目列出明细，但如确实不能详列也可只列暂定金额总额，投标人应将上述暂列金额计入投标总价中。

（3）材料（工程设备）暂估单价及调整表：表-12-2

填制说明：暂估价是在招标阶段预见肯定要发生，只是因为标准不明确或者需要由专业承包人完成，暂时无法确定材料、工程设备的具体价格而采用的一种临时性计价方式。暂估价的材料、工程设备数量应在表内填写，拟用项目应在本表备注栏给予补充说明。

要求招标人针对每一类暂估价给出相应的拟用项目，即按照材料、工程设备的名称分别给出，这样的材料、工程设备暂估价能够纳入到清单项目的综合单价中。

（4）专业工程暂估价及结算价表：表-12-3

填制说明：专业工程暂估价应在表内填写工程名称、工程内容、暂估金额，投标人应将上述金额计入投标总价中。

专业工程暂估价项目及其表中列明的专业工程暂估价，是指分包人实施专业工程的含税纳后的完整价（即包含了该专业工程中所有供应、安装、完工、调试、修复缺陷等全部工作），除了合同约定的发包人应承担的总包管理、协调、配合和服务责任所对应的总承包服务费用以外，承包人为履行其总包管理、配合、协调和服务等所需发生的费用应该包括在投标报价中。

（5）计日工表：表-12-4

填制说明：

1）编制工程量清单时，"项目名称"、"计量单位"、"暂估数量"由招标人填写。

2）编制招标控制价时，"人工"、"材料"、"机械台班单价"由招标人按有关计价规定填写并计算合价。

3）编制投标报价时，"人工"、"材料"、"机械台班单价"由招标人自主确定，按已给暂估数量计算合价计入投标总价中。

4）结算时，实际数量按发承包双方确认的填写。

（6）总承包服务费计价表：表-12-5

填制说明：

1）编制招标工程量清单时，招标人应将拟定进行专业发包的专业工程，自行采购的材料设备等决定清楚，填写项目名称、服务内容，以便投标人决定报价。

2）编制招标控制价时，招标人按有关计价规定计价。

3）编制投标报价时，由投标人根据工程量清单中的总承包服务内容，自主决定报价。

4）办理工程结算时，发承包双发应按承包人已标价工程量清单中的报价计算，如发承包双发确定调整的，按调整后的金额计算。

（7）索赔与现场签证计价汇总表：表-12-6

填制说明：本表是对发承包双方签证认可的"费用索赔申请（核准）表"和"现场签证表"的汇总。

（8）费用索赔申请（核准）表：表-12-7

填制说明：本表将费用索赔申请与核准设置于一个表，非常直观。使用本表时，承包人代表应按合同条款的约定阐述原因，附上索赔证据、费用计算报发包人，经监理工程师复核（按照发包人的授权不论是监理工程师或发包人现场代表均可），经造价工程师（此处造价工程师可以是承包人现场管理人员，也可以是发包人委托的工程造价咨询企业的人员）复核具体费用，经发包人审核后生效，该表以在选择栏中"□"内做标识"√"表示。

（9）现场签证表：表-12-8

填制说明：现场签证种类繁多，发承包双方在工程实施过程中来往信函就责任事件的证明均可称为现场签证，但并不是所有的签证均可马上算出价款，有的需要经过索赔程序，这时的签证仅是索赔的依据，有的签证可能根本不涉及价款。本表仅是针对现场签证需要价款结算支付的一种，其他内容的签证也可适用。考虑到招标时招标人对计日工项目的预估难免会有遗漏，造成实际施工发生后，无相应的计日工单价，现场签证只能包括单价一并处理，因此，在汇总时，有计日工单价的，可归并于计日工，如无计日工单价的，归并于现场签证，以示区别。当然，现场签证全部汇总于计日工也是一种可行的处理方式。

**7. 规费、税金项目计价表**

规费、税金项目计价表：表-13。

填制说明：在施工实践中，有的规费项目，如工程排污费，并非每个工程所在地都要征收，实践中可作为按实计算的费用处理。

**8. 工程计量申请（核准）表**

工程计量申请（核准）表：表-14。

填制说明：工程计量申请（核准）表填写的"项目编码"、"项目名称"、"计量单位"应与已标价工程量清单表中的一致，承包人应在合同约定的计量周期结束时，将申报数量填写在申报数量栏，发包人核对后如与承包人不一致，填在核实数量栏，经发承包双发共同核对确认的计量填在确认数量栏。

**9. 合同价款支付申请（核准）表**

（1）预付款支付申请（核准）表：表-15

填制说明：本表专用于预付款支付。

（2）总价项目进度款支付分解表：表-16

填制说明：本表的设置为施工过程中无法计量的总价项目以及总价合同的进度款支付提供了解决方式。

（3）进度款支付申请（核准）表：表-17

填制说明：本表专用于进付款支付。

（4）竣工结算款支付申请（核准）表：表-18

填制说明：本表专用于竣工结算价款的支付。

（5）最终结清支付申请（核准）表：表-19

填制说明：本表是在缺陷责任期到期，承包人履行了工程缺陷修复责任后，对其预留的质量保证金的最终结算。

上述各表仍然将合同价的承包人支付申请和发包人核准设置于一表，一一对应，表达直观。由于承包人代表在每个计量周期结束后向发包人提出，由发包人授权的现场代表复核工程量（本标中设置为监理工程师），由发包人授权的造价工程师（可以是委托的工程造价咨询企业）复核应付款项，经发包人批准实施。

**10. 主要材料、工程设备一览表**

（1）发包人提供材料和工程设备一览表：表-20

（2）承包人提供主要材料和工程设备一览表（适用于造价信息差额调整法）：表-21

填制说明：本表风险系数应由发包人在招标文件中按照《建设工程工程量清单计价规范》（GB 50500—2013）的要求合理确定。本表将风险系数、基准单价、投标单价、发承包人确认单价在一个表内全部表示，可以大大减少发承包双方不必要的争议。

（3）承包人提供主要材料和工程设备一览表（适用于价格指数差额调整法）：表-22

工程量清单计价常用表格格式详见第 10 章。

## 二、工程量清单计价表格使用规定

1）工程计价表宜采用统一格式。各省、自治区、直辖市建设行政主管部门和行业建设主管部门可根据本地区、本行业的实际情况，在《建设工程工程量清单计价规范》（GB 50500—2013）中附录 B 至附录 L 计价表格的基础上补充完善。

2）工程计价表格的设置应满足工程计价的需要，方便使用。

3）工程量清单的编制使用表格包括：封-1、扉-1、表-01、表-08、表-11、表-12（不含表-12-6～表-12-8）、表-13、表-20、表-21 或表-22。

4）招标控制价、投标报价、竣工结算的编制使用表格包括：

① 招标控制价使用表格包括：封-2、扉-2、表-01、表-02、表-03、表-04、表-08、表-09、表-11、表-12（不含表-12-6～表-12-8）、表-13、表-20、表-21 或表-22。

② 投标报价使用的表格包括：封-3、扉-3、表-01、表-02、表-03、表-04、表-08、表-09、表-11、表-12（不含表-12-6～表 12-8）、表-13、表-16、招标文件提供的表-20、表-21 或表-22。

③ 竣工结算使用的表格包括：封-4、扉-4、表-01、表-05、表-06、表-07、表-08、表-09、表-10、表-11、表-12、表-13、表-14、表-15、表-16、表-17、表-18、表-19、表-20、表-21 或表-22。

5）工程造价鉴定使用表格包括：封-5、扉-5、表-01、表-05～表-20、表-21 或表-22。

6）投标人应按招标文件的要求，附工程量清单综合单价分析表。

# 第2章 土石方工程清单工程量计算及实例

## 2.1 土石方工程清单工程量计算规则

### 一、计算规则

#### 1. 土方工程

土方工程工程量清单项目设置、项目特征描述的内容、计量单位及工程量计算规则，应按表2-1的规定执行。

表 2-1 土方工程（编号：040101）

| 项目编码 | 项目名称 | 项目特征 | 计量单位 | 工程量计算规则 | 工程内容 |
|---|---|---|---|---|---|
| 040101001 | 挖一般土方 | 1. 土壤类别<br>2. 挖土深度 | m³ | 按设计图示尺寸以体积计算 | 1. 排地表水<br>2. 土方开挖<br>3. 围护（挡土板）及拆除<br>4. 基底钎探<br>5. 场内运输 |
| 040101002 | 挖沟槽土方 | | | 按设计图示尺寸以基础垫层底面积乘以挖土深度计算 | |
| 040101003 | 挖基坑土方 | | | | |
| 040101004 | 暗挖土方 | 1. 土壤类别<br>2. 平洞、斜洞（坡度）<br>3. 运距 | | 按设计图示断面乘以长度以体积计算 | 1. 排地表水<br>2. 土方开挖<br>3. 场内运输 |
| 040101005 | 挖淤泥、流砂 | 1. 挖掘深度<br>2. 运距 | | 按设计图示位置、界限以体积计算 | 1. 开挖<br>2. 运输 |

注：1. 沟槽、基坑、一般土方的划分为：底宽≤7m且底长>3倍底宽为沟槽，底长≤3倍底宽且底面积≤150m²为基坑。超出上述范围则为一般土方。

2. 土壤的分类应按表2-2确定。

3. 如土壤类别不能准确划分时，招标人可注明为综合，由投标人根据地勘报告决定报价。

4. 土方体积应按挖掘前的天然密实体积计算。

5. 挖沟槽、基坑土方中的挖土深度，一般是指原地面标高至槽、坑底的平均高度。

6. 挖沟槽、基坑、一般土方因工作面和放坡增加的工程量，是否并入各土方工程量中，按各省、自治区、直辖市或行业建设主管部门的规定实施。如并入各土方工程量中，编制工程量清单时，可按表2-3、表2-4规定计算；办理工程结算时，按经发包人认可的施工组织设计规定计算。

7. 挖沟槽、基坑、一般土方和暗挖土方清单项目的工作内容中仅包括了土方场内平衡所需的运输费用，如需土方外运时，按040103002"余方弃置"项目编码列项。

8. 挖方出现流砂、淤泥时，如设计未明确，在编制工程量清单时，其工程数量可为暂估值。结算时，应根据实际情况由发包人与承包人双方现场签证确认工程量。

9. 挖淤泥、流砂的运距可以不描述，但应注明由投标人根据施工现场实际情况自行考虑决定报价。

#### 2. 石方工程

石方工程工程量清单项目设置、项目特征描述的内容、计量单位及工程量计算规则，应按表2-5的规定执行。

表2-2　土壤分类表

| 土壤分类 | 土　壤　名　称 | 开　挖　方　法 |
|---|---|---|
| 一、二类土 | 粉土、砂土(粉砂、细砂、中砂、粗砂、砾砂)、粉质黏土、弱中盐渍土、软土(淤泥质土、泥炭、泥炭质土)、软塑红黏土、冲填土 | 用锹,少许用镐、条锄开挖。机械能全部直接铲挖满载者 |
| 三类土 | 黏土、碎石土(圆砾、角砾)、混合土、可塑红黏土、硬塑红黏土、强盐渍土、素填土、压实填土 | 主要用镐、条锄,少许用锹开挖。机械需部分刨松方能铲挖满载者或可直接铲挖但不能满载者 |
| 四类土 | 碎石土(卵石、碎石、漂石、块石)、坚硬红黏土、超盐渍土、杂填土 | 全部用镐、条锄挖掘,少许用撬棍挖掘。机械需普遍刨松方能铲挖满载者 |

注:本表土的名称及其含义按现行国家标准《岩土工程勘察规范》(GB 50021—2001)(2009年局部修订版)定义。

表2-3　放坡系数表

| 土壤类别 | 放坡起点深度/m | 机械挖土 | | | 人工挖土 |
|---|---|---|---|---|---|
| | | 在沟槽、坑内作业 | 在沟槽侧、坑边上作业 | 顺沟槽方向坑上作业 | |
| 一、二类土 | 1.20 | 1:0.33 | 1:0.75 | 1:0.50 | 1:0.50 |
| 三类土 | 1.50 | 1:0.25 | 1:0.67 | 1:0.33 | 1:0.33 |
| 四类土 | 2.00 | 1:0.10 | 1:0.33 | 1:0.25 | 1:0.25 |

注:1. 沟槽、基坑中土类别不同时,分别按其放坡起点、放坡系数,依不同土类别厚度加权平均计算。

　　2. 计算放坡时,在交接处的重复工程量不予扣除,原槽、坑做基础垫层时,放坡自垫层上表面开始计算。

　　3. 本表按《全国统一市政工程预算定额》(GYD-301—1999)"通用项目"整理,并增加机械挖土顺沟槽方向坑上作业的放坡系数。

表2-4　管沟底部每侧工作面宽度　　　　　　　　　　(单位:mm)

| 管道结构宽 | 混凝土管道基础90° | 混凝土管道基础>90° | 金属管道 | 构　筑　物 | |
|---|---|---|---|---|---|
| | | | | 无防潮层 | 有防潮层 |
| 500以内 | 400 | 400 | 300 | 400 | 600 |
| 1000以内 | 500 | 500 | 400 | | |
| 2500以内 | 600 | 500 | 400 | | |
| 2500以上 | 700 | 600 | 500 | | |

注:1. 管道结构宽:有管座按管道基础外缘,无管座按管道外径计算;构筑物按基础外缘计算。

　　2. 本表按《全国统一市政工程预算定额》(GYD-301—1999)"通用项目"整理,并增加管道结构宽2500mm以上的工作面宽度值。

表2-5　石方工程　(编号:040102)

| 项目编码 | 项目名称 | 项目特征 | 计量单位 | 工程量计算规则 | 工程内容 |
|---|---|---|---|---|---|
| 040102001 | 挖一般石方 | 1. 岩石类别 2. 开凿深度 | m³ | 按设计图示尺寸以体积计算 | 1. 排地表水 2. 石方开凿 3. 修整底、边 4. 场内运输 |
| 040102002 | 挖沟槽石方 | | | 按设计图示尺寸以基础垫层底面积乘以挖石深度计算 | |
| 040102003 | 挖基坑石方 | | | | |

注:1. 沟槽、基坑、一般石方的划分为:底宽≤7m且底长>3倍底宽为沟槽;底长≤3倍底宽且底面积≤150m² 为基坑;超出上述范围则为一般石方。

　　2. 岩石的分类应按表2-6确定。

　　3. 石方体积应按挖掘前的天然密实体积计算。

　　4. 挖沟槽、基坑、一般石方因工作面和放坡增加的工程量,是否并入各石方工程量中,按各省、自治区、直辖市或行业建设主管部门的规定实施。如并入各石方工程量中,编制工程量清单时,其所需增加的工程数量可为暂估值,且在清单项目中予以注明;办理工程结算时,按经发包人认可的施工组织设计规定计算。

　　5. 挖沟槽、基坑、一般石方清单项目的工作内容中仅包括了石方场内平衡所需的运输费用,如需石方外运时,按040103002"余方弃置"项目编码列项。

　　6. 石方爆破按现行国家标准《爆破工程工程量计算规范》(GB 50862—2013)相关项目编码列项。

表 2-6　岩石分类表

| 岩石分类 | | 代表性岩石 | 开挖方法 |
|---|---|---|---|
| 极软岩 | | 1. 全风化的各种岩石<br>2. 各种半成岩 | 部分用手凿工具、部分用爆破法开挖 |
| 软质岩 | 软岩 | 1. 强风化的坚硬岩或较硬岩<br>2. 中等风化——强风化的较软岩<br>3. 未风化——微风化的页岩、泥岩、泥质砂岩等 | 用风镐和爆破法开挖 |
| | 较软岩 | 1. 中等风化——强风化的坚硬岩或较硬岩<br>2. 未风化——微风化的凝灰岩、千枚岩、泥灰岩、砂质泥岩等 | 用爆破法开挖 |
| 硬质岩 | 较硬岩 | 1. 微风化的坚硬岩<br>2. 未风化——微风化的大理岩、板岩、石灰岩、白云岩、钙质砂岩等 | 用爆破法开挖 |
| | 坚硬岩 | 未风化——微风化的花岗岩、闪长岩、辉绿岩、玄武岩、安山岩、片麻岩、石英岩、石英砂岩、硅质砾岩、硅质石灰岩等 | |

注：本表依据现行国家标准《工程岩体分级标准》（GB 50218—2014）和《岩土工程勘察规范》（GB 50021—2001）（2009 年局部修订版）整理。

### 3. 回填方及土石方运输

回填方及土石方运输工程量清单项目设置、项目特征描述的内容、计量单位及工程量计算规则，应按表 2-7 的规定执行。

表 2-7　回填方及土石方运输（编码：040103）

| 项目编码 | 项目名称 | 项目特征 | 计量单位 | 工程量计算规则 | 工程内容 |
|---|---|---|---|---|---|
| 040103001 | 回填方 | 1. 密实度要求<br>2. 填方材料品种<br>3. 填方粒径要求<br>4. 填方来源、运距 | m³ | 1. 按挖方清单项目工程量加原地面线至设计要求标高间的体积,减基础、构筑物等埋入体积计算<br>2. 按设计图示尺寸以体积计算 | 1. 运输<br>2. 回填<br>3. 压实 |
| 040103002 | 余方弃置 | 1. 废弃料品种<br>2. 运距 | m³ | 按挖方清单项目工程量减利用回填方体积（正数）计算 | 余方点装料运输至弃置点 |

注：1. 填方材料品种为土时，可以不描述。

2. 填方粒径在无特殊要求情况下，项目特征可以不描述。

3. 对于沟、槽坑等开挖后再进行回填方的清单项目，其工程量计算规则按第 1 条确定；场地填方等按第 2 条确定。其中，对工程量计算规则 1，当原地面线高于设计要求标高时，则其体积为负值。

4. 回填方总工程量中若包括场内平衡和缺方内运两部分时，应分别编码列项。

5. 余方弃置和回填方的运距可以不描述，但应注明由投标人根据施工现场实际情况自行考虑决定报价。

6. 回填方如需缺方内运，且填方材料品种为土方时，是否在综合单价中计入购买土方的费用，由投标人根据工程实际情况自行考虑决定报价。

### 4. 其他相关问题及说明

1）隧道石方开挖按"5　隧道工程"中相关项目编码列项。

2）废料及余方弃置清单项目中，如需发生弃置、堆放费用的，投标人应根据当地有关规定计取相应费用，并计入综合单价中。

## 二、常用数据

### 1. 大型土石方工程量计算

（1）横截面计算法

1）常用横截面面积计算公式见表2-8。

表2-8　常用横截面面积计算公式

| 序　号 | 图　　示 | 面积计算公式 |
|---|---|---|
| 1 | | $F = h(b + nh)$ |
| 2 | | $F = h\left[ b + \dfrac{h(m + n)}{2} \right]$ |
| 3 | | $F = b\dfrac{h_1 + h_2}{2} + nh_1 h_2$ |
| 4 | | $F = h_1 \dfrac{a_1 + a_2}{2} + h_2 \dfrac{a_2 + a_3}{2} +$ $h_3 \dfrac{a_3 + a_4}{2} + h_4 \dfrac{a_4 + a_5}{2}$ |
| 5 | | $F = \dfrac{a}{2}(h_0 + 2h + h_n)$ $h = h_1 + h_2 + h_3 + h_4 + \cdots + h_n$ |

2）计算土方量。根据截面面积计算土方量，公式为

$$V = \frac{1}{2}(F_1 + F_2)L \tag{2-1}$$

式中　$V$——相邻两截面间的土方量（$m^3$）；

$F_1$，$F_2$——相邻两截面面的挖（填）方截面面积（$m^2$）；

$L$——相邻两截面间的间距（m）。

（2）方格网计算法

1）常用方格网点计算公式见表2-9。

2）土方量计算。将计算出来的每个方格的挖填土方量汇总，即得该建筑场地挖、填的总土方量。

### 2. 挖沟槽土石方工程量计算

挖沟槽土石方工程工程量计算公式如下：

表2-9　常用方格网点计算公式

| 序　号 | 图　示 | 计算方法 |
|---|---|---|
| 1 | | 方格内四角全为挖方或填方：<br><br>$V = \dfrac{a^2}{4}(h_1 + h_2 + h_3 + h_4)$ |
| 2 | | 三角锥体，当三角锥体全为挖方或填方：<br><br>$F = \dfrac{a^2}{2}$；$V = \dfrac{a^2}{6}(h_1 + h_2 + h_3)$ |
| 3 | | 方格网内，一对角线为零线，另两角点一为挖方一为填方：<br><br>$F_{挖} = F_{填} = \dfrac{a^2}{2}$　　$V_{挖} = \dfrac{a^2}{6}h_1$；$V_{填} = \dfrac{a^2}{6}h_2$ |
| 4 | | 方格网内，三角为挖（填）方，一角为填（挖）方：<br><br>$b = \dfrac{ah_4}{h_1 + h_4}$；$c = \dfrac{ah_4}{h_3 + h_4}$<br><br>$F_{填} = \dfrac{1}{2}bc$；$F_{挖} = a^2 - \dfrac{1}{2}bc$<br><br>$V_{填} = \dfrac{h_4}{6}bc = \dfrac{a^2 h_4^3}{6(h_1 + h_4)(h_3 + h_4)}$<br><br>$V_{挖} = \dfrac{a^2}{6}-(2h_1 + h_2 + 2h_3 - h_4) + V_{填}$ |
| 5 | | 方格网内，两角为挖，两角为填：<br><br>$b = \dfrac{ah_1}{h_1 + h_4}$；$c = \dfrac{ah_2}{h_2 + h_3}$　$d = a - b$；$c = a - e$<br><br>$F_{挖} = \dfrac{1}{2}(b+c)a$；$F_{填} = \dfrac{1}{2}(d+e)a$<br><br>$V_{挖} = \dfrac{a}{4}(h_1 + h_2)\dfrac{b+c}{2} = \dfrac{a}{8}(b+c)(h_1 + h_2)$<br><br>$V_{填} = \dfrac{a}{4}(h_3 + h_4)\dfrac{d+e}{2} = \dfrac{a}{8}(d+e)(h_3 + h_4)$ |

外墙沟槽：　　　　　　　　　　$V_挖 = S_断 L_{外中}$　　　　　　　　　　　　　　　　（2-2）

内墙沟槽：　　　　　　　　　　$V_挖 = S_断 L_{基底净长}$　　　　　　　　　　　　　　（2-3）

管道沟槽：　　　　　　　　　　$V_挖 = S_断 L_中$　　　　　　　　　　　　　　　　（2-4）

其中沟槽断面有如下形式：

（1）钢筋混凝土基础有垫层

1）两面放坡沟槽断面形式如图2-1所示，其断面面积：

$$S_断 = [(b + 2 \times 0.3) + mh]h + (b' + 2 \times 0.1)h' \qquad (2-5)$$

2）不放坡无挡土板沟槽断面形式如图2-2所示，其断面面积：

$$S_{断} = (b + 2 \times 0.3)h + (b' + 2 \times 0.1)h' \tag{2-6}$$

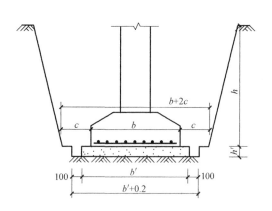

图 2-1 两面放坡

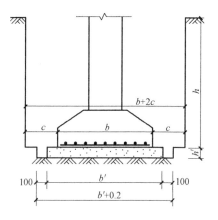

图 2-2 不放坡无挡土板

3）不放坡加两面挡土板沟槽断面形式如图 2-3 所示，其断面面积：
$$S_{断} = (b + 2 \times 0.3 + 2 \times 0.1)h + (b' + 2 \times 0.1)h' \tag{2-7}$$

4）一面放坡一面挡土板沟槽形式如图 2-4 所示，其断面面积：
$$S_{断} = (b + 2 \times 0.3 + 0.1 + 0.5mh)h + (b' + 2 \times 0.1)h' \tag{2-8}$$

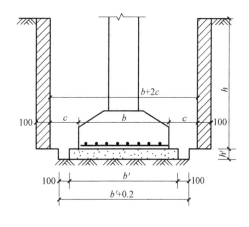

图 2-3 不放坡加两面挡土板

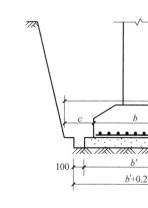

图 2-4 一面放坡一面挡土板

（2）基础有其他垫层

1）两面放坡沟槽形式如图 2-5 所示，其断面面积：
$$S_{断} = (b' + mh) + b'h' \tag{2-9}$$

2）不放坡无挡土板沟槽形式如图 2-6 所示，其断面面积：
$$S_{断} = b'(h + h') \tag{2-10}$$

（3）基础无垫层

1）两面放坡沟槽形式如图 2-7 所示，其断面面积：
$$S_{断} = [(b + 2c) + mh]h \tag{2-11}$$

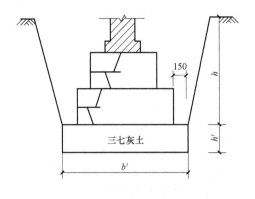

图 2-5　两面放坡

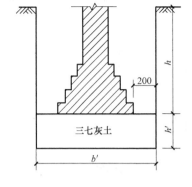

图 2-6　不放坡无挡土板

2）不放坡无挡土板沟槽形式如图 2-8 所示，其断面面积：

$$S_{断} = (b+2c)h \tag{2-12}$$

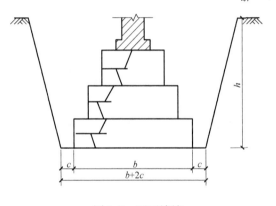

图 2-7　两面放坡

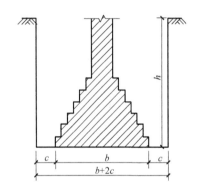

图 2-8　不放坡无挡土板

3）不放坡加两面挡土板沟槽形式如图 2-9 所示，其断面面积：

$$S_{断} = (b+2c+2\times0.1)h \tag{2-13}$$

4）一面放坡一面挡土板沟槽形式如图 2-10 所示，其断面面积：

$$S_{断} = (b+2c+0.1+0.5mh)h \tag{2-14}$$

式中　$S_{断}$——沟槽断面面积（$m^2$）；

$m$——放坡系数；

$c$——工作面宽度（m）；

$h$——从室外设计地面至基础底深度，即垫层上基槽开挖深度（m）；

$h'$——基础垫层高度（m）；

$b$——基础底面宽度（m）；

$b'$——垫层宽度（m）。

**3. 边坡土方工程量计算**

为了保持土体的稳定和施工安全，挖方和填方的周边都应修筑成适当的边坡。直线形边坡坡度表示方法如图 2-11a 所示。图中的 $m$ 为边坡底的宽度 $b$ 与边坡高度 $h$ 的比，称为坡度系数。当边坡高度 $h$ 为已知时，所需边坡底宽 $b$ 即等于 $mh$（$1:m=h:b$）。若边坡高度较大，可在满足土体稳定的条件下，根据不同的土层及其所受的压力，将边坡修筑成折线形，如图 2-11b 所示，以减小土方工程量。

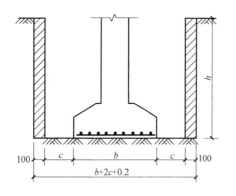

图 2-9 不放坡加两面挡土板

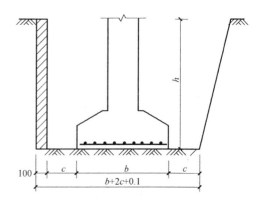

图 2-10 一面放坡一面加挡土板

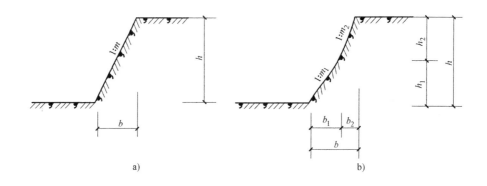

a)

b)

图 2-11 土体边坡表示方法

a）直线形边坡坡度表示方法 b）折线形边坡坡度表示方法

边坡的坡度系数（边坡宽度：边坡高度）根据不同的填挖高度（深度）、土的物理性质和工程的重要性，在设计文件中应有明确的规定。常用的挖方边坡坡度和填方高度限值，见表 2-10 和表 2-11。

表 2-10 水文地质条件良好时永久性土工构筑物挖方的边坡坡度

| 项次 | 挖 方 性 质 | 边坡坡度 |
|---|---|---|
| 1 | 在天然湿度、层理均匀、不易膨胀的黏土、粉质黏土、粉土和砂土（不包括细砂、粉砂）内挖方，深度不超过 3m | 1:1 ~ 1:1.25 |
| 2 | 土质同上，深度为 3 ~ 12m | 1:1.25 ~ 1:1.50 |
| 3 | 干燥地区内土质结构未经破坏的干燥黄土及类黄土，深度不超过 12m | 1:0.1 ~ 1:1.25 |
| 4 | 在碎石和泥灰岩土内的挖方，深度不超过 12m，根据土的性质、层理特性和挖方深度确定 | 1:0.5 ~ 1:1.5 |

表 2-11　填方边坡为 1：1.5 时的高度限制

| 项次 | 土的种类 | 填方高度/m | 项次 | 土的种类 | 填方高度/m |
|------|----------|-----------|------|----------|-----------|
| 1 | 黏土类土、黄土、类黄土 | 6 | 4 | 中砂和粗砂 | 10 |
| 2 | 粉质黏土、泥灰岩土 | 6~7 | 5 | 砾石和碎石土 | 10~12 |
| 3 | 粉土 | 6~8 | 6 | 易风化的岩石 | 12 |

**4. 地坑放坡时四角的角锥体体积**

地坑放坡时四角的角锥体体积表见表 2-12。

表 2-12　地坑放坡时四角的角锥体体积表

| 坑深(h/m) ＼ 放坡系数(k) | 0.10 | 0.25 | 0.33 | 0.5 | 0.67 | 0.75 | 1.00 |
|------|------|------|------|------|------|------|------|
| 4.00 | 0.21 | 1.33 | 2.32 | 5.33 | 9.58 | 12.00 | 21.33 |
| 4.10 | 0.23 | 1.44 | 2.50 | 5.74 | 10.31 | 12.92 | 22.97 |
| 4.20 | 0.25 | 1.54 | 2.69 | 6.17 | 11.09 | 13.89 | 24.69 |
| 4.30 | 0.27 | 1.66 | 2.89 | 6.63 | 11.91 | 14.91 | 26.50 |
| 4.40 | 0.28 | 1.78 | 3.09 | 7.10 | 12.75 | 15.97 | 28.39 |
| 4.50 | 0.30 | 1.90 | 3.31 | 7.59 | 13.64 | 17.09 | 30.38 |
| 4.60 | 0.32 | 2.03 | 3.53 | 8.11 | 14.56 | 18.25 | 32.45 |
| 4.70 | 0.35 | 2.16 | 3.77 | 8.65 | 15.54 | 19.47 | 34.61 |
| 4.80 | 0.37 | 2.30 | 4.01 | 9.22 | 16.55 | 20.74 | 36.86 |
| 4.90 | 0.39 | 2.45 | 4.27 | 9.80 | 17.60 | 22.06 | 39.21 |
| 5.00 | 0.42 | 2.60 | 4.54 | 10.42 | 18.70 | 23.44 | 41.67 |

# 2.2　土石方工程工程量清单编制实例

### 实例 1：某构筑物混凝土基础挖土方工程量计算

如图 2-12 所示为某构筑物混凝土基础，基础垫层为无筋混凝土，长宽方向的外边线尺寸为 8.5m 和 7.5m，基础垫层厚度为 200mm，垫层顶面标高为 -4.55m，地下常水位置高为 -3.5m，室外地面标高为 -0.65m，人工挖土，该地土壤类别为三类土（放坡系数 $k = 0.33$），求挖土方工程量。

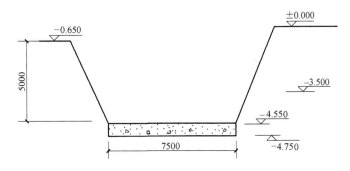

图 2-12　满堂基础基坑（单位：mm）

【解】

挖土方清单工程量：

$V = 8.5 \times 7.5 \times 5 = 318.75(\text{m}^3)$

## 实例2：某基础挖沟槽工程量计算（一）

某带形基础沟槽断面图如图2-13所示，该沟槽不放坡，双面支挡土板，混凝土基础支模板，预留工作面0.7m，沟槽长150m，采用人工挖土，土壤类别为二类土，试计算挖沟槽工程量。

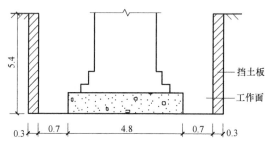

图2-13 某带形基础沟槽断面图（单位：m）

【解】

沟槽土方的工程量 $= (0.3 \times 2 + 0.7 \times 2 + 4.8) \times 5.4 \times 150$

$= 6.8 \times 5.4 \times 150$

$= 5508(\text{m}^3)$

## 实例3：某基础挖沟槽工程量计算（二）

某工程雨水管道，矩形截面，长为80m，宽为4.5m，平均深度为4m，无检查井。槽内铺设 $\phi800$ 钢筋混凝土平口管，管壁厚0.15m，管下混凝土基座为 $0.4849\text{m}^3/\text{m}$，基座下碎石垫层为 $0.24\text{m}^3/\text{m}$，试计算该沟槽回填土压实（机械回填；10t压路机碾压，密实度为97%）的工程量。

【解】

沟槽体积 $= 80 \times 4.5 \times 4 = 1440.0(\text{m}^3)$

混凝土基座体积 $= 0.4849 \times (80 + 4.5) = 40.97(\text{m}^3)$

碎石垫层体积 $= 0.24 \times (80 + 4.5) = 20.28(\text{m}^3)$

$\phi800$ 管子外形体积 $= 3.14 \times \left(\dfrac{0.8 + 0.25 \times 2}{2}\right)^2 \times (80 + 4.5)$

$= 3.14 \times 0.4225 \times 84.5$

$= 112.10(\text{m}^3)$

填土压实土方的工程量 $= 1440.0 - 40.97 - 20.28 - 112.10$

$= 1266.65(\text{m}^3)$

【注释】

填土压实土方的工程量 = 沟槽体积 – 混凝土基座体积 – 碎石垫层体积 – $\phi800$ 管子外形体积。

### 实例4：某圆形建筑物基础挖土工程量计算

某圆形建筑基坑（圆形）为混凝土基础，挖土深度为6.5m，基础底部垫层半径为4m，垫层厚度为0.4m，自垫层上表面放坡，工作面每边各增加0.5m，人工挖土（放坡系数 $k = 0.33$），场地土质为三类土。试计算该圆形建筑基坑（圆形）挖土工程量。

【解】

圆形基坑挖方量为：

$$V = \frac{1}{3} \times 3.14 \times 6.5 \times (4.5^2 + 4.5 \times 6.645 + 6.645^2) + 3.14 \times 4^2 \times 0.4$$

$$= \frac{1}{3} \times 20.41 \times (20.25 + 29.9025 + 44.156) + 20.096$$

$$= \frac{1}{3} \times 20.41 \times 94.3085 + 20.096$$

$$= 661.71(\text{m}^3)$$

### 实例5：某工程挖石方工程量计算（一）

某土石方工程基坑断面图如图2-14所示，施工现场为次坚石，基坑开挖长度为34.4m，试计算基坑开挖工程量。

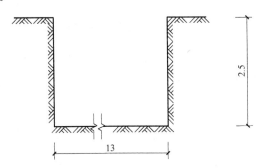

图2-14 某土方工程基坑断面图（单位：m）

【解】

挖基坑石方的工程量 $= 13 \times 2.5 \times 34.4$

$$= 1118.0(\text{m}^3)$$

### 实例6：某工程挖石方工程量计算（二）

某建筑物开挖的沟槽如图2-15所示，挖深1.8m，为普通岩石，计算其地槽开挖的清单工程量。

【解】

（1）外墙地槽中心线长

$2 \times (4.8 + 6.5) + 4.7 + 3.8 + 3 \times 2 + 2.5 = 22.6 + 4.7 + 3.8 + 8.5$

$$= 39.6(\text{m})$$

（2）内墙地槽净长

$$(4.8 - 0.8) + (6.5 - 0.8) + (3 + 3 - 0.8) = 4.0 + 5.7 + 5.2$$
$$= 14.9(m)$$

（3）地槽总长度

$$39.6 + 14.9 = 54.5(m)$$

（4）地槽开挖工程量

$$0.8 \times 54.5 \times 1.8 = 78.48(m^3)$$

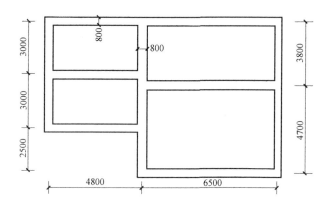

图 2-15　沟槽示意图（单位：mm）

## 实例 7：某市政工程在山脚开挖沟槽其土方工程量计算

某市政工程在山脚开挖沟槽，梯形沟槽断面示意图如图 2-16 所示，采用机械挖土。挖土深度为 3.8m。管径为 1000mm。排管长度为 700m。求该工程中的挖沟槽土方和回填方的工程量（填土密实度 95%）。

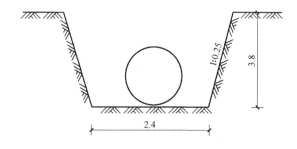

图 2-16　沟槽断面示意图（单位：m）

【解】

（1）挖沟槽土方

$$V_1 = (2.4 + 3.8 \times 0.25 \times 2) \times 700 \times 3.8$$
$$= 4.3 \times 700 \times 3.8 = 11438(m^3)$$

（2）回填方

$$V_2 = 11438 - 3.14 \times \left(\frac{1}{2}\right)^2 \times 700$$

$$= 11438 - 0.785 \times 700 = 10888.5$$
$$(m^3)$$

### 实例8：某管道沟槽的挖土石方工程量及回填土工程量计算

某管道沟槽断面如图2-17所示，管道长140m，混凝土管管径950mm，施工场地上层2.5m为四类土，下层为普通岩石地质，利用人工开挖，管道扣除土方体积表见表2-13。求该管道沟槽的挖土石方工程量及回填土工程量。

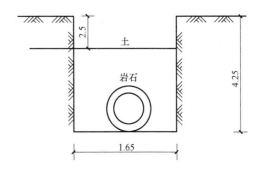

图2-17 某管道沟槽断面图（单位：m）

表2-13 管道扣除土方体积表

| 管道名称 | 管道直径/mm | | | | | |
| --- | --- | --- | --- | --- | --- | --- |
| | 500~600 | 601~800 | 801~1000 | 1001~1200 | 1201~1400 | 1401~1601 |
| 钢管 | 0.21 | 0.44 | 0.71 | — | — | — |
| 铸铁管 | 0.24 | 0.49 | 0.77 | — | — | — |
| 混凝土管 | 0.33 | 0.60 | 0.92 | 1.15 | 1.35 | 1.55 |

【解】

（1）挖土方工程量

$$V_1 = 1.65 \times 2.5 \times 140$$
$$= 577.5 (m^3)$$

（2）挖石方工程量

$$V_2 = 1.65 \times (4.25 - 2.5) \times 140$$
$$= 404.25 (m^3)$$

则挖土石方总量为

$$V = V_1 + V_2$$
$$= 577.5 + 404.25$$
$$= 981.75 (m^3)$$

（3）回填土工程量

查表2-13得DN950混凝土管体积为每米0.92m³。

则回填土工程量：

$$V' = 981.75 - 0.92 \times 140$$
$$= 852.95 (m^3)$$

### 实例9：某道路路基工程余土外运工程量计算

某道路工程，修筑起点0+000，终点0+400，路面修筑宽度10m，路肩各宽1m，余方运至10km处弃置点，其余已知数据见表2-14，求运土方量（三类土，填方密实度95%，运距3km）。

表 2-14　某道路路基工程已知数据

| 桩　号 | 距离/m | 挖土 | 填土 |
|---|---|---|---|
| | | 断面面积/m² | 断面面积/m² |
| 0 + 000 | | 2.70 | 2.40 |
| | 50 | | |
| 0 + 050 | | 3.10 | 2.80 |
| | 50 | | |
| 0 + 100 | | 3.40 | 3.10 |
| | 50 | | |
| 0 + 150 | | 4.10 | 3.80 |
| | 50 | | |
| 0 + 200 | | 5.20 | 4.50 |
| | 50 | | |
| 0 + 250 | | 5.80 | 5.40 |
| | 50 | | |
| 0 + 300 | | 6.20 | 5.80 |
| | 50 | | |

挖、填土方清单工程量：

$0 + 000 \sim 0 + 050$ 　$V_{挖} = \dfrac{1}{2} \times (2.70 + 3.10) \times 50 = 145.0(\mathrm{m^3})$

$V_{填} = \dfrac{1}{2} \times (2.40 + 2.80) \times 50 = 130.0(\mathrm{m^3})$

$0 + 050 \sim 0 + 100$ 　$V_{挖} = \dfrac{1}{2} \times (3.10 + 3.40) \times 50 = 162.5(\mathrm{m^3})$

$V_{填} = \dfrac{1}{2} \times (2.80 + 3.10) \times 50 = 147.5(\mathrm{m^3})$

$0 + 100 \sim 0 + 150$ 　$V_{挖} = \dfrac{1}{2} \times (3.40 + 4.10) \times 50 = 187.5(\mathrm{m^3})$

$V_{填} = \dfrac{1}{2} \times (3.10 + 3.80) \times 50 = 172.5(\mathrm{m^3})$

$0 + 150 \sim 0 + 200$ 　$V_{挖} = \dfrac{1}{2} \times (4.10 + 5.20) \times 50 = 232.5(\mathrm{m^3})$

$V_{填} = \dfrac{1}{2} \times (3.80 + 4.50) \times 50 = 207.5(\mathrm{m^3})$

$0 + 200 \sim 0 + 250$ 　$V_{挖} = \dfrac{1}{2} \times (5.20 + 5.80) \times 50 = 275.0(\mathrm{m^3})$

$V_{填} = \dfrac{1}{2} \times (4.50 + 5.40) \times 50 = 247.5(\mathrm{m^3})$

$0 + 250 \sim 0 + 300$ 　$V_{挖} = \dfrac{1}{2} \times (5.80 + 6.20) \times 50 = 300.0(\mathrm{m^3})$

$V_{填} = \dfrac{1}{2} \times (5.40 + 5.80) \times 50 = 280.0(\mathrm{m^3})$

则：

$V_{挖总} = 145.0 + 162.5 + 187.5 + 232.5 + 275.0 + 300.0 = 1302.5(\mathrm{m^3})$

$V_{填总} = 130.0 + 147.5 + 172.5 + 207.5 + 247.5 + 280.0 = 1185(\mathrm{m^3})$

运土方总量 $= V_{挖总} - V_{填总}$

　　　　　　$= 1302.5 - 1185$

　　　　　　$= 117.5(m^3)$

### 实例 10：某建筑物地槽开挖的清单工程量计算

如图 2-18 所示，一基础地槽，槽长 28m，槽深 3.0m，土质类别为三类，做 0.4m 厚的垫层，然后在垫层上做混凝土基础，试计算挖槽土方工程量。

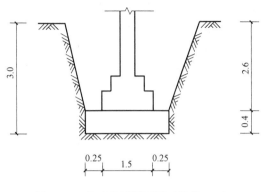

图 2-18　基础地槽断面图（单位：m）

地槽开挖的清单工程量：

$V = (1.5 + 0.25 \times 2) \times (2.6 + 0.4) \times 28$

　　$= 2.0 \times 3.0 \times 28$

　　$= 168(m^3)$

### 实例 11：某工程填挖方工程量计算（一）

某市政雨水管道工程，已知沟槽长 30m，宽为 5m，槽深 3.8m，无检查井。槽内铺设直径为 800mm 铸铁管，管下混凝土基座为 0.455 $m^3/m$，基层下碎石垫层 0.35 $m^3/m$，密实度为 98%，试计算回填方工程量。

【解】

（1）挖方工程量

$V = 30 \times 5 \times 3.8$

　　$= 570(m^3)$

（2）混凝土基座体积

$V_1 = 0.455 \times 30$

　　$= 13.65(m^3)$

（3）碎石垫层体积

$V_2 = 0.35 \times 30$

　　$= 10.5(m^3)$

（4）直径 800mm 管子外形体积

$V_3 = 3.14 \times \left(\dfrac{0.8}{2}\right)^2 \times 30$

　　$= 15.07(m^3)$

（5）回填方工程量

$V_4 = V - V_1 - V_2 - V_3$

　　$= 570 - 13.65 - 10.5 - 15.07$

　　$= 530.78(m^3)$

### 实例 12：某工程填挖方工程量计算（二）

某排水工程，采用钢筋混凝土承插管，管径 $\Phi$600。管道长度 140m，土方开挖深度平均为 3m，回填至原地面标高，余土外运。土方类别为三类土，采用人工开挖及回填，回填压实率为95%（图2-19）。试根据以下要求列出该管道填挖方工程量。

1）沟槽土方因工作面和放坡增加的工程量，并入清单土方工程量中。

2）暂不考虑检查井等所增加土方的因素。

3）混凝土管道外径为 $\Phi720$，管道基础（不含垫层）每米混凝土工程量为 $0.227m^3$。

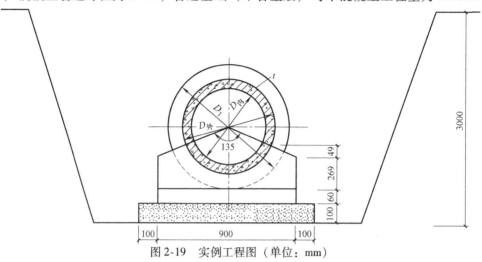

图2-19　实例工程图（单位：mm）

**【解】**

（1）挖沟槽土方

$$(0.9 + 0.5 \times 2 + 0.33 \times 3) \times 3 \times 140 = 2.89 \times 3 \times 140$$
$$= 1213.8(m^3)$$

（2）余方弃置

$$(1.1 \times 0.1 + 0.227 + 3.1416 \times 0.36 \times 0.36) \times 140 = (0.11 + 0.227 + 0.407) \times 140$$
$$= 104.16(m^3)$$

（3）回填方

$$1213.8 - 104.16 = 1109.64(m^3)$$

### 实例13：某市政道路整修工程工程量清单编制

某市政道路整修工程，全长为600m，路面修筑宽度为14m，路肩各宽1m，土质为四类，余方运至5km处弃置点，填方要求密实度达到95%。道路工程土方工程量计算表见表2-15。

施工方案如下：

（1）挖土数量不大，拟用人工挖土。

（2）场内运输考虑用手推车运土，从道路工程土方工程量计算表中可看出运距在200m内。

（3）余方弃置拟用人工装车，自卸汽车运输。

（4）路基填土压实拟用路基碾压、碾压厚度每层不超过30cm，并分层检验密实度，达到要求的密实度后再填筑上一层。

（5）路床碾压为保证质量按路面宽度每边加宽30cm。

试计算其工程量，并编制土石方工程分部分项工程工程量清单表。

**表 2-15 道路工程土方工程量计算表**

工程名称：某市道路工程　　　　　　标段：K0+000～K0+600　　　　　　第　页 共　页

| 桩　号 | 距离/m | 挖　土 | | | 填　土 | | |
|---|---|---|---|---|---|---|---|
| | | 断面面积/m² | 平均断面面积/m² | 体积/m³ | 断面面积/m² | 平均断面面积/m² | 体积/m³ |
| 0+000 | | 0 | | | 3.00 | | |
| | 50 | | 1.5 | 75 | | 3.2 | 160 |
| 0+050 | | 3.00 | | | 3.40 | | |
| | 50 | | 3.0 | 150 | | 4.0 | 200 |
| 0+100 | | 3.00 | | | 4.60 | | |
| | 50 | | 3.4 | 170 | | 4.5 | 225 |
| 0+150 | | 3.80 | | | 4.40 | | |
| | 50 | | 3.6 | 180 | | 5.2 | 260 |
| 0+200 | | 3.40 | | | 6.00 | | |
| | 50 | | 4.0 | 200 | | 5.2 | 260 |
| 0+250 | | 3.60 | | | 4.40 | | |
| | 50 | | 4.4 | 220 | | 6.2 | 310 |
| 0+300 | | 4.20 | | | 8.00 | | |
| | 50 | | 4.6 | 230 | | 6.6 | 330 |
| 0+350 | | 5.00 | | | 5.20 | | |
| | 50 | | 5.1 | 255 | | 8.1 | 405 |
| 0+400 | | 5.20 | | | 11.00 | | |
| | 50 | | 6.0 | 300 | | | |
| 0+450 | | 6.80 | | | | | |
| | 50 | | 4.8 | 240 | | | |
| 0+500 | | 2.80 | | | | | |
| | 50 | | 2.4 | 120 | | | |
| 0+550 | | 2.00 | | | | | |
| | 50 | | 6.8 | 340 | | | |
| 0+600 | | 11.60 | | | | | |
| 合　计 | | | | 2480 | | | 2150 |

【解】

清单工程量计算：

1）挖土方体积：2480m³

2）回填土体积：2150m³

3）余方弃置体积：330m³

4）路床碾压面积：（14+0.6）×600=8760（m²）

5）路肩整形碾压面积：2×600=1200（m²）

工程量清单计算见表 2-16。

**表 2-16 工程量清单计算表**

| 序号 | 项目编号 | 项目名称 | 项目特征描述 | 计量单位 | 工程量 |
|---|---|---|---|---|---|
| 1 | 040101001001 | 挖一般土方 | 土壤类别：四类土 | m³ | 2480 |
| 2 | 040103001001 | 回填方 | 密实度：95% | m³ | 2150 |
| 3 | 040103002001 | 余方弃置 | 运距：5km | m³ | 330 |

# 第3章　道路工程清单工程量计算及实例

## 3.1　道路工程清单工程量计算规则

### 1. 路基处理

路基处理工程量清单项目设置、项目特征描述的内容、计量单位及工程量计算规则，应按表 3-1 的规定执行。

表 3-1　路基处理（编码：040201）

| 项目编码 | 项目名称 | 项目特征 | 计量单位 | 工程量计算规则 | 工程内容 |
|---|---|---|---|---|---|
| 040201001 | 预压地基 | 1. 排水竖井种类、断面尺寸、排列方式、间距、深度<br>2. 预压方法<br>3. 预压荷载、时间<br>4. 砂垫层厚度 | m² | 按设计图示尺寸以加固面积计算 | 1. 设置排水竖井、盲沟、滤水管<br>2. 铺设砂垫层、密封膜<br>3. 堆载、卸载或抽气设备安拆、抽真空<br>4. 材料运输 |
| 040201002 | 强夯地基 | 1. 夯击能量<br>2. 夯击遍数<br>3. 地耐力要求<br>4. 夯填材料种类 | | | 1. 铺设夯填材料<br>2. 强夯<br>3. 夯填材料运输 |
| 040201003 | 振冲密实（不填料） | 1. 地层情况<br>2. 振密深度<br>3. 孔距<br>4. 振冲器功率 | | | 1. 振冲加密<br>2. 泥浆运输 |
| 040201004 | 掺石灰 | 含灰量 | | 按设计图示尺寸以体积计算 | 1. 掺石灰<br>2. 夯实 |
| 040201005 | 掺干土 | 1. 密实度<br>2. 掺土率 | m³ | | 1. 掺干土<br>2. 夯实 |
| 040201006 | 掺石 | 1. 材料品种、规格<br>2. 掺石率 | | | 1. 掺石<br>2. 夯实 |
| 040201007 | 抛石挤淤 | 材料品种、规格 | | | 1. 抛石挤淤<br>2. 填塞垫平、压实 |
| 040201008 | 袋装砂井 | 1. 直径<br>2. 填充料品种<br>3. 深度 | m | 按设计图示尺寸以长度计算 | 1. 制作砂袋<br>2. 定位沉管<br>3. 下砂袋<br>4. 拔管 |
| 040201009 | 塑料排水板 | 材料品种、规格 | | | 1. 安装排水板<br>2. 沉管插板<br>3. 拔管 |

（续）

| 项目编码 | 项目名称 | 项目特征 | 计量单位 | 工程量计算规则 | 工程内容 |
|---|---|---|---|---|---|
| 040201010 | 振冲桩（填料） | 1. 地层情况<br>2. 空桩长度、桩长<br>3. 桩径<br>4. 填充材料种类 | 1. m<br>2. m³ | 1. 以米计量，按设计图示尺寸以桩长计算<br>2. 以立方米计量，按设计桩截面面积乘以桩长以体积计算 | 1. 振冲成孔、填料、振实<br>2. 材料运输<br>3. 泥浆运输 |
| 040201011 | 砂石桩 | 1. 地层情况<br>2. 空桩长度、桩长<br>3. 桩径<br>4. 成孔方法<br>5. 材料种类、级配 | | 1. 以米计量，按设计图示尺寸以桩长（包括桩尖）计算<br>2. 以立方米计量，按设计桩截面面积乘以桩长（包括桩尖）以体积计算 | 1. 成孔<br>2. 填充、振实<br>3. 材料运输 |
| 040201012 | 水泥粉煤灰碎石桩 | 1. 地层情况<br>2. 空桩长度、桩长<br>3. 桩径<br>4. 成孔方法<br>5. 混合料强度等级 | | 按设计图示尺寸以桩长（包括桩尖）计算 | 1. 成孔<br>2. 混合料制作、灌注、养护<br>3. 材料运输 |
| 040201013 | 深层水泥搅拌桩 | 1. 地层情况<br>2. 空桩长度、桩长<br>3. 桩截面尺寸<br>4. 水泥强度等级、掺量 | m | 按设计图示尺寸以桩长计算 | 1. 预搅下钻、水泥浆制作、喷浆搅拌提升成桩<br>2. 材料运输 |
| 040201014 | 粉喷桩 | 1. 地层情况<br>2. 空桩长度、桩长<br>3. 桩径<br>4. 粉体种类、掺量<br>5. 水泥强度等级、石灰粉要求 | | | 1. 预搅下钻、喷粉搅拌提升成桩<br>2. 材料运输 |
| 040201015 | 高压水泥旋喷桩 | 1. 地层情况<br>2. 空桩长度、桩长<br>3. 桩截面<br>4. 旋喷类型、方法<br>5. 水泥强度等级、掺量 | | | 1. 成孔<br>2. 水泥浆制作、高压旋喷注浆<br>3. 材料运输 |
| 040201016 | 石灰桩 | 1. 地层情况<br>2. 空桩长度、桩长<br>3. 桩径<br>4. 成孔方法<br>5. 掺和料种类、配合比 | | 按设计图示尺寸以桩长（包括桩尖）计算 | 1. 成孔<br>2. 混合料制作、运输、夯填 |
| 040201017 | 灰土（土）挤密桩 | 1. 地层情况<br>2. 空桩长度、桩长<br>3. 桩径<br>4. 成孔方法<br>5. 灰土级配 | m | | 1. 成孔<br>2. 灰土拌和、运输、填充、夯实 |

（续）

| 项目编码 | 项目名称 | 项目特征 | 计量单位 | 工程量计算规则 | 工程内容 |
|---|---|---|---|---|---|
| 040201018 | 柱锤冲扩桩 | 1. 地层情况<br>2. 空桩长度、桩长<br>3. 桩径<br>4. 成孔方法<br>5. 桩体材料种类、配合比 | m | 按设计图示尺寸以桩长计算 | 1. 安拔套管<br>2. 冲孔、填料、夯实<br>3. 桩体材料制作、运输 |
| 040201019 | 地基注浆 | 1. 地层情况<br>2. 成孔深度、间距<br>3. 浆液种类及配合比<br>4. 注浆方法<br>5. 水泥强度等级、用量 | 1. m<br>2. m³ | 1. 以米计量，按设计图示尺寸以深度计算<br>2. 以立方米计量，按设计图示尺寸以加固体积计算 | 1. 成孔<br>2. 注浆导管制作、安装<br>3. 浆液制作、压浆<br>4. 材料运输 |
| 040201020 | 褥垫层 | 1. 厚度<br>2. 材料品种、规格及比例 | 1. m²<br>2. m³ | 1. 以平方米计量，按设计图示尺寸以铺设面积计算<br>2. 以立方米计量，按设计图示尺寸以铺设体积计算 | 1. 材料拌和、运输<br>2. 铺设<br>3. 压实 |
| 040201021 | 土工合成材料 | 1. 材料品种、规格<br>2. 搭接方式 | m² | 按设计图示尺寸以面积计算 | 1. 基层整平<br>2. 铺设<br>3. 固定 |
| 040201022 | 排水沟、截水沟 | 1. 断面尺寸<br>2. 基础、垫层：材料品种、厚度<br>3. 砌体材料<br>4. 砂浆强度等级<br>5. 伸缩缝填塞<br>6. 盖板材质、规格 | m | 按设计图示以长度计算 | 1. 模板制作、安装、拆除<br>2. 基础、垫层铺筑<br>3. 混凝土拌和、运输、浇筑<br>4. 侧墙浇捣或砌筑<br>5. 勾缝、抹面<br>6. 盖板安装 |
| 040201023 | 盲沟 | 1. 材料品种、规格<br>2. 断面尺寸 | | | 铺筑 |

注：1. 地层情况按表 2-2 和表 2-6 的规定，并根据岩土工程勘察报告按单位工程各地层所占比例（包括范围值）进行描述。对无法准确描述的地层情况，可注明由投标人根据岩土工程勘察报告自行决定报价。

2. 项目特征中的桩长应包括桩尖，空桩长度 = 孔深 - 桩长，孔深为自然地面至设计桩底的深度。

3. 如采用碎石、粉煤灰、砂等作为路基处理的填方材料时，应按土石方工程中"回填方"项目编码列项。

4. 排水沟、截水沟清单项目中，当侧墙为混凝土时，还应描述侧墙的混凝土强度等级。

**2. 道路基层**

道路基层工程量清单项目设置、项目特征描述的内容、计量单位及工程量计算规则，应按表 3-2 的规定执行。

表3-2 **道路基层**（编码：040202）

| 项目编码 | 项目名称 | 项目特征 | 计量单位 | 工程量计算规则 | 工程内容 |
|---|---|---|---|---|---|
| 040202001 | 路床(槽)整形 | 1. 部位<br>2. 范围 | m² | 按设计道路底基层图示尺寸以面积计算，不扣除各类井所占面积 | 1. 放样<br>2. 整修路拱<br>3. 碾压成型 |
| 040202002 | 石灰稳定土 | 1. 含灰量<br>2. 厚度 | | 按设计图示尺寸以面积计算，不扣除各类井所占面积 | 1. 拌和<br>2. 运输<br>3. 铺筑<br>4. 找平<br>5. 碾压<br>6. 养护 |
| 040202003 | 水泥稳定土 | 1. 水泥含量<br>2. 厚度 | | | |
| 040202004 | 石灰、粉煤灰、土 | 1. 配合比<br>2. 厚度 | | | |
| 040202005 | 石灰、碎石、土 | 1. 配合比<br>2. 碎石规格<br>3. 厚度 | | | |
| 040202006 | 石灰、粉煤灰、碎(砾)石 | 1. 配合比<br>2. 碎(砾)石规格<br>3. 厚度 | | | |
| 040202007 | 粉煤灰 | 厚度 | | | |
| 040202008 | 矿渣 | | | | |
| 040202009 | 砂砾石 | 1. 石料规格<br>2. 厚度 | | | |
| 040202010 | 卵石 | | | | |
| 040202011 | 碎石 | | | | |
| 040202012 | 块石 | | | | |
| 040202013 | 山皮石 | | | | |
| 040202014 | 粉煤灰三渣 | 1. 配合比<br>2. 厚度 | | | |
| 040202015 | 水泥稳定碎(砾)石 | 1. 水泥含量<br>2. 石料规格<br>3. 厚度 | | | |
| 040202016 | 沥青稳定碎石 | 1. 沥青品种<br>2. 石料规格<br>3. 厚度 | | | |

注：1. 道路工程厚度应以压实后为准。

2. 道路基层设计截面如为梯形时，应按其截面平均宽度计算面积，并在项目特征中对截面参数加以描述。

**3. 道路面层**

道路面层工程量清单项目设置、项目特征描述的内容、计量单位及工程量计算规则，应按表3-3的规定执行。

表3-3 **道路面层**（编码：040203）

| 项目编码 | 项目名称 | 项目特征 | 计量单位 | 工程量计算规则 | 工程内容 |
|---|---|---|---|---|---|
| 040203001 | 沥青表面处治 | 1. 沥青品种<br>2. 层数 | m² | 按设计图示尺寸以面积计算，不扣除各种井所占面积，带平石的面层应扣除平石所占面积 | 1. 喷油、布料<br>2. 碾压 |
| 040203002 | 沥青贯入式 | 1. 沥青品种<br>2. 石料规格<br>3. 厚度 | | | 1. 摊铺碎石<br>2. 喷油、布料<br>3. 碾压 |

（续）

| 项目编码 | 项目名称 | 项目特征 | 计量单位 | 工程量计算规则 | 工程内容 |
|---|---|---|---|---|---|
| 040203003 | 透层、粘层 | 1. 材料品种<br>2. 喷油量 | | | 1. 清理下承面<br>2. 喷油、布料 |
| 040203004 | 封层 | 1. 材料品种<br>2. 喷油量<br>3. 厚度 | | | 1. 清理下承面<br>2. 喷油、布料<br>3. 压实 |
| 040203005 | 黑色碎石 | 1. 材料品种<br>2. 石料规格<br>3. 厚度 | | | 1. 清理下承面<br>2. 拌和、运输<br>3. 摊铺、整形<br>4. 压实 |
| 040203006 | 沥青混凝土 | 1. 沥青品种<br>2. 沥青混凝土种类<br>3. 石料粒料<br>4. 掺合料<br>5. 厚度 | m² | 按设计图示尺寸以面积计算,不扣除各种井所占面积,带平石的面层应扣除平石所占面积 | 1. 清理下承面<br>2. 拌和、运输<br>3. 摊铺、整形<br>4. 压实 |
| 040203007 | 水泥混凝土 | 1. 混凝土强度等级<br>2. 掺合料<br>3. 厚度<br>4. 嵌缝材料 | | | 1. 模板制作、安装、拆除<br>2. 混凝土拌和、运输、浇筑<br>3. 拉毛<br>4. 压痕或刻防滑槽<br>5. 伸缝<br>6. 缩缝<br>7. 锯缝、嵌缝<br>8. 路面养护 |
| 040203008 | 块料面层 | 1. 块料品种、规格<br>2. 垫层:材料品种、厚度、强度等级 | | | 1. 铺筑垫层<br>2. 铺砌块料<br>3. 嵌缝、勾缝 |
| 040203009 | 弹性面层 | 1. 材料品种<br>2. 厚度 | | | 1. 配料<br>2. 铺贴 |

注:水泥混凝土路面中传力杆和拉杆的制作、安装应按"钢筋工程"中相关项目编码列项。

### 4. 人行道及其他

人行道及其他工程量清单项目设置、项目特征描述的内容、计量单位及工程量计算规则,应按表3-4的规定执行。

表3-4　人行道及其他（编码:040204）

| 项目编码 | 项目名称 | 项目特征 | 计量单位 | 工程量计算规则 | 工程内容 |
|---|---|---|---|---|---|
| 040204001 | 人行道整形碾压 | 1. 部位<br>2. 范围 | m² | 按设计人行道图示尺寸以面积计算,不扣除侧石、树池和各类井所占面积 | 1. 放样<br>2. 碾压 |
| 040204002 | 人行道块料铺设 | 1. 块料品种、规格<br>2. 基础、垫层:材料品种、厚度<br>3. 图形 | | 按设计图示尺寸以面积计算,不扣除各类井所占面积,但应扣除侧石、树池所占面积 | 1. 基础、垫层铺筑<br>2. 块料铺设 |

（续）

| 项目编码 | 项目名称 | 项 目 特 征 | 计量单位 | 工程量计算规则 | 工 程 内 容 |
|---|---|---|---|---|---|
| 040204003 | 现浇混凝土人行道及进口坡 | 1. 混凝土强度等级<br>2. 厚度<br>3. 基础、垫层：材料品种、厚度 | m² | 按设计图示尺寸以面积计算，不扣除各类井所占面积，但应扣除侧石、树池所占面积 | 1. 模板制作、安装、拆除<br>2. 基础、垫层铺筑<br>3. 混凝土拌和、运输、浇筑 |
| 040204004 | 安砌侧（平、缘）石 | 1. 材料品种、规格<br>2. 基础、垫层：材料品种、厚度 | | 按设计图示中心线长度计算 | 1. 开槽<br>2. 基础、垫层铺筑<br>3. 侧（平、缘）石安砌 |
| 040204005 | 现浇侧（平、缘）石 | 1. 材料品种<br>2. 尺寸<br>3. 形状<br>4. 混凝土强度等级<br>5. 基础、垫层：材料品种、厚度 | m | | 1. 模板制作、安装、拆除<br>2. 开槽<br>3. 基础、垫层铺筑<br>4. 混凝土拌和、运输、浇筑 |
| 040204006 | 检查井升降 | 1. 材料品种<br>2. 检查井规格<br>3. 平均升（降）高度 | 座 | 按设计图示路面标高与原有的检查井发生正负高差的检查井的数量计算 | 1. 提升<br>2. 降低 |
| 040204007 | 树池砌筑 | 1. 材料品种、规格<br>2. 树池尺寸<br>3. 树池盖面材料品种 | 个 | 按设计图示数量计算 | 1. 基础、垫层铺筑<br>2. 树池砌筑<br>3. 盖面材料运输、安装 |
| 040204008 | 预制电缆沟铺设 | 1. 材料品种<br>2. 规格尺寸<br>3. 基础、垫层：材料品种、厚度<br>4. 盖板品种、规格 | m | 按设计图示中心线长度计算 | 1. 基础、垫层铺筑<br>2. 预制电缆沟安装<br>3. 盖板安装 |

### 5. 交通管理设施

交通管理设施工程量清单项目设置、项目特征描述的内容、计量单位及工程量计算规则，应按表3-5的规定执行。

表3-5　交通管理设施（编码：040205）

| 项目编码 | 项目名称 | 项 目 特 征 | 计量单位 | 工程量计算规则 | 工 程 内 容 |
|---|---|---|---|---|---|
| 040205001 | 人（手）孔井 | 1. 材料品种<br>2. 规格尺寸<br>3. 盖板材质、规格<br>4. 基础、垫层：材料品种、厚度 | 座 | 按设计图示数量计算 | 1. 基础、垫层铺筑<br>2. 井身砌筑<br>3. 勾缝（抹面）<br>4. 井盖安装 |
| 040205002 | 电缆保护管 | 1. 材料品种<br>2. 规格 | m | 按设计图示以长度计算 | 敷设 |

（续）

| 项目编码 | 项目名称 | 项目特征 | 计量单位 | 工程量计算规则 | 工程内容 |
|---|---|---|---|---|---|
| 040205003 | 标杆 | 1. 类型<br>2. 材质<br>3. 规格尺寸<br>4. 基础、垫层：材料品种、厚度<br>5. 油漆品种 | 根 | 按设计图示数量计算 | 1. 基础、垫层铺筑<br>2. 制作<br>3. 喷漆或镀锌<br>4. 底盘、拉盘、卡盘及杆件安装 |
| 040205004 | 标志板 | 1. 类型<br>2. 材质、规格尺寸<br>3. 板面反光膜等级 | 块 | | 制作、安装 |
| 040205005 | 视线诱导器 | 1. 类型<br>2. 材料品种 | 只 | | 安装 |
| 040205006 | 标线 | 1. 材料品种<br>2. 工艺<br>3. 线型 | 1. m<br>2. m² | 1. 以米计量，按设计图示以长度计算<br>2. 以平方米计量，按设计图示尺寸以面积计算 | 1. 清扫<br>2. 放样<br>3. 画线<br>4. 护线 |
| 040205007 | 标记 | 1. 材料品种<br>2. 类型<br>3. 规格尺寸 | 1. 个<br>2. m² | 1. 以个计量，按设计图示数量计算<br>2. 以平方米计量，按设计图示尺寸以面积计算 | |
| 040205008 | 横道线 | 1. 材料品种<br>2. 形式 | m² | 按设计图示尺寸以面积计算 | |
| 040205009 | 清除标线 | 清除方法 | | | 清除 |
| 0402050010 | 环形检测线圈 | 1. 类型<br>2. 规格、型号 | 个 | 按设计图示数量计算 | 1. 安装<br>2. 调试 |
| 0402050011 | 值警亭 | 1. 类型<br>2. 规格<br>3. 基础、垫层：材料品种、厚度 | 座 | | 1. 基础、垫层铺筑<br>2. 安装 |
| 0402050012 | 隔离护栏 | 1. 类型<br>2. 规格、型号<br>3. 材料品种<br>4. 基础、垫层：材料品种、厚度 | m | 按设计图示以长度计算 | 1. 基础、垫层铺筑<br>2. 制作、安装 |
| 0402050013 | 架空走线 | 1. 类型<br>2. 规格、型号 | | | 架线 |
| 0402050014 | 信号灯 | 1. 类型<br>2. 灯架材质、规格<br>3. 基础、垫层：材料品种、厚度<br>4. 信号灯规格、型号、组数 | 套 | 按设计图示数量计算 | 1. 基础、垫层铺筑<br>2. 灯架制作、镀锌、喷漆<br>3. 底盘、拉盘、卡盘及杆件安装<br>4. 信号灯安装、调试 |

（续）

| 项目编码 | 项目名称 | 项目特征 | 计量单位 | 工程量计算规则 | 工程内容 |
|---|---|---|---|---|---|
| 0402050015 | 设备控制机箱 | 1. 类型<br>2. 材质、规格尺寸<br>3. 基础、垫层：材料品种、厚度<br>4. 配置要求 | 台 | 按设计图示数量计算 | 1. 基础、垫层铺筑<br>2. 安装<br>3. 调试 |
| 0402050016 | 管内配线 | 1. 类型<br>2. 材质<br>3. 规格、型号 | m | 按设计图示以长度计算 | 配线 |
| 0402050017 | 防撞筒（墩） | 1. 材料品种<br>2. 规格、型号 | 个 | 按设计图示数量计算 | 制作、安装 |
| 0402050018 | 警示柱 | 1. 类型<br>2. 材料品种<br>3. 规格、型号 | 根 | | 制作、安装 |
| 0402050019 | 减速垄 | 1. 材料品种<br>2. 规格、型号 | m | 按设计图示以长度计算 | |
| 0402050020 | 监控摄像机 | 1. 类型<br>2. 规格、型号<br>3. 支架形式<br>4. 防护罩要求 | 台 | 按设计图示数量计算 | 1. 安装<br>2. 调试 |
| 0402050021 | 数码相机 | 1. 规格、型号<br>2. 立杆材质、形式<br>3. 基础、垫层：材料品种、厚度 | | | 1. 安装<br>2. 调试 |
| 0402050022 | 道闸机 | 1. 类型<br>2. 规格、型号<br>3. 基础、垫层：材料品种、厚度 | 套 | | 1. 基础、垫层铺筑<br>2. 安装<br>3. 调试 |
| 0402050023 | 可变信息情报板 | 1. 类型<br>2. 规格、型号<br>3. 立（横）杆材质、形式<br>4. 配置要求<br>5. 基础、垫层：材料品种、厚度 | | | 1. 基础、垫层铺筑<br>2. 安装<br>3. 调试 |
| 0402050024 | 交通智能系统调试 | 系统类别 | 系统 | | 系统调试 |

注：1. 本表清单项目如发生破除混凝土路面、土石方开挖、回填夯实等，应分别按"拆除工程"及"土石方工程"中相关项目编码列项。
2. 除清单项目特殊注明外，各类垫层应按其他相关项目编码列项。
3. 立电杆按"路灯工程"中相关项目编码列项。
4. 值警亭按半成品现场安装考虑实际采用砖砌等形式的，按现行国家标准《房屋建筑与装饰工程工程量计算规范》（GB 50854—2013）中相关项目编码列项。
5. 与标杆相连的，用于安装标志板的配件应计入标志板清单项目内。

## 3.2 道路工程工程量清单编制实例

### 实例1：某道路基层工程量计算

某道路工程 K3+000~K3+780 标段，路面为沥青混凝土，以石灰、碎石、土作为道路基层，路面宽度为 25m，路肩宽度为 1.5m，路基加宽值为 28cm，道路结构图如图 3-1 所示，试求石灰、碎石、土基层的工程量。

【解】

石灰、碎石、土基层的工程量：
$$S = (3780 - 3000) \times 25$$
$$= 19500 \quad (m^2)$$

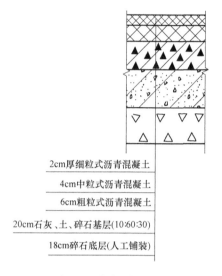

2cm厚细粒式沥青混凝土
4cm中粒式沥青混凝土
6cm粗粒式沥青混凝土
20cm石灰、土、碎石基层(10:60:30)
18cm碎石底层(人工铺装)

图 3-1 道路结构图

### 实例2：某道路工程抛石挤淤工程量计算

某道路抛石挤淤断面图如图 3-2 所示，因其在 K0+100~K0+950 之间为排水困难的洼地，且软弱层土易于流动，厚度又较薄，表层也无硬壳，从而采用在基底抛投不小于 30cm 的片石对路基进行加固处理，路面宽度为 18.5m，试计算抛石挤淤工程量。

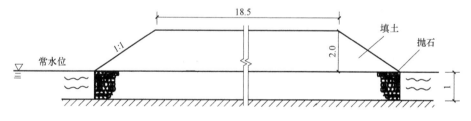

图 3-2 抛石挤淤断面图（单位：m）

【解】

$$抛石挤淤的工程量 = (950 - 100) \times (18.5 + 1 \times 2.0 \times 2) \times 1$$
$$= 850 \times 22.5 \times 1$$
$$= 19125.0 \quad (m^3)$$

### 实例3：某软土路基袋装砂井工程量计算

某道路在：K0+170~K0+350 之间的路基土质过于软弱，影响了路基的稳定性及道路的使用年限，故采用袋装砂井的方法对该路段进行处理。现已知袋装砂井的长度为 1m，直径为 30cm，相邻袋装砂井之间的间距为 0.30m，前后间距也为 0.30m，试求袋装砂井的工程量（图 3-3）。

**【解】**

$$袋装砂井工程量 = \left[ (350 - 170) \div 0.30 + 1 \right] \times (30 \div 0.30 + 1) \times 1$$
$$= 601 \times 101 \times 1$$
$$= 60701.0 \ (m)$$

**【注释】**

袋装砂井的工程量需要先求出砂井的数量然后乘以砂井的长度，即为砂浆的工程量。

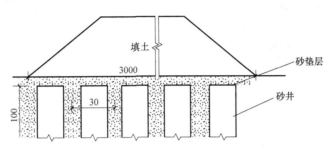

图 3-3 路堤断面圈（单位：cm）

## 实例 4：盲沟的工程量计算

某 1800m 长道路路基两侧设置纵向盲沟，如图 3-4 所示，该盲沟可以隔断或截流流向路基的泉水和地下集中水流，试计算盲沟的工程量。

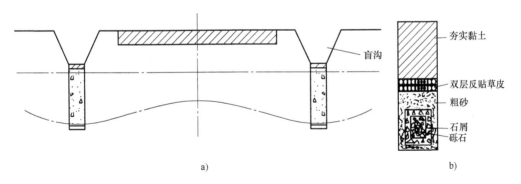

图 3-4 某路基盲沟示意图

a）路基纵向盲沟（双列式） b）盲沟构造

**【解】**

$$盲沟的工程量 = 1800 \times 2$$
$$= 3600.00 \ (m)$$

## 实例 5：某一级道路（水泥稳定土）道路工程量计算

某一级道路为水泥混凝土结构（K1 + 100 ～ K1 + 940），如图 3-5 所示，路面宽度为 25m，路肩宽度为 1m，路基两侧各加宽 60cm，其中 K1 + 550 ～ K0 + 650 之间为过湿土基，用石灰砂桩进行处理，按矩形布置，桩间距为 90cm。石灰桩示意图如图 3-6 所示，试计算（水泥稳定土）道路工程量。

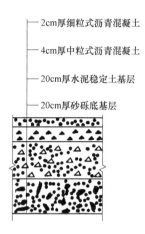

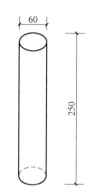

图 3-5　道路结构图　　　　　图 3-6　石灰桩示意图（单位：cm）

【解】

$$水泥稳定土基层面积 = 25 \times (940 - 100)$$
$$= 21000 \, (m^2)$$

## 实例 6：某一级道路（沥青混凝土结构）道路工程量计算

某处有一沥青混凝土路面，已知路面面层采用 2cm 厚细粒式沥青混凝土，3cm 厚中粒式沥青混凝土，路长为 730m，道路横断面图如图 3-7 所示，求沥青混凝土面层工程量。

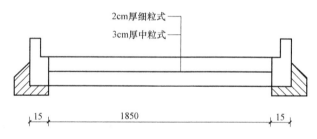

图 3-7　道路横断面图（单位：cm）

【解】

（1）2cm 厚细粒式沥青混凝土面层工程量

$$S_1 = 730 \times 18.5$$
$$= 13505 \, (m^2)$$

（2）3cm 厚中粒式沥青混凝土面层工程量

$$S_2 = 730 \times 18.5$$
$$= 13505 \, (m^2)$$

## 实例 7：某水泥混凝土道路卵石底层的工程量计算

某道路 K0 +000 ~ K0 +650 为水泥混凝土结构，道路两边铺侧缘石，路面宽度为 14m，且路基两侧分别加宽 0.5m。道路沿线有雨水井、检查井分别为 25 座、30 座，其中检查井与雨水井均与设计图示标高产生正负高差，道路结构图如图 3-8 所示，试计算工程量。

**【解】**

（1）卵石底基层面积

$$650 \times 14$$
$$= 9100 (\mathrm{m}^2)$$

（2）石灰、粉煤灰、砂砾基层面积

$$650 \times 14$$
$$= 9100 (\mathrm{m}^2)$$

（3）水泥混凝土面层面积

$$650 \times 14$$
$$= 9100 (\mathrm{m}^2)$$

（4）路缘石长度

$$650 \times 2$$
$$= 1300 (\mathrm{m})$$

（5）雨水井与检查井的数量：55 座

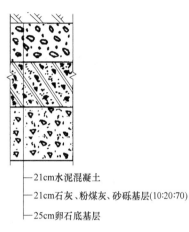

—21cm水泥混凝土
—21cm石灰、粉煤灰、砂砾基层(10:20:70)
—25cm卵石底基层

图 3-8　道路结构图

### 实例 8：某道路工程路缘石及锯缝长度计算

某道路工程长 1800m，路面宽度为 16m，路基两侧均加宽 20cm，并设路缘石，以保证路基稳定性。在路面每隔 6m 用切缝机切缝，如图 3-9 所示为锯缝断面示意图，试求路缘石及锯缝长度。

**【解】**

（1）路缘石长度

$$1800 \times 2$$
$$= 3600 (\mathrm{m})$$

（2）锯缝个数

$$1800 \div 6 - 1$$
$$= 299 (\text{条})$$

（3）锯缝总长度

$$299 \times 16$$
$$= 4784 (\mathrm{m})$$

（4）锯缝面积

$$4784 \times 0.005$$
$$= 23.92 (\mathrm{m}^2)$$

图 3-9　锯缝断面示意图（单位：cm）

### 实例 9：某道路（水泥混凝土路面）检查井、伸缩缝以及树池的工程量计算

某道路为水泥混凝土路面，全长 2300m，路面宽度为 20.5m，其中分为快车道、慢车道和人行道，分别为 9m、6m、5m，两快车道之间设有一条伸缩缝。在人行道边缘每隔 5m 设一个树池，每 50m 设一检查井，且每一座检查井与设计路面标高发生正负高差，试求检查井、伸缩缝以及树池的工程量。如图 3-10 所示为道路横断面示意图，如图 3-11 所示为伸缩缝横断面示意图。

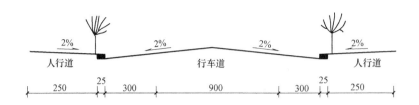

图 3-10　道路横断面示意图（单位：mm）

【解】

（1）检查井座数

$$（2300 \div 50 + 1）\times 2$$
$$= 94（座）$$

（2）伸缩缝面积

$$2300 \times 0.025$$
$$= 57.5（m^2）$$

（3）树池个数

$$（2300 \div 5 + 1）\times 2$$
$$= 922（个）$$

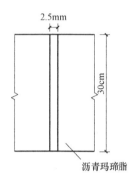

图 3-11　伸缩缝横断面示意图

## 实例 10：某市道路人行道工程量和侧石工程量计算

如图 3-12 和图 3-13 所示，人行道路长为 250m。试计算：

(1) 侧石长度、基础面积。

(2) 块件人行板面积（包括分隔带上铺筑面积）。

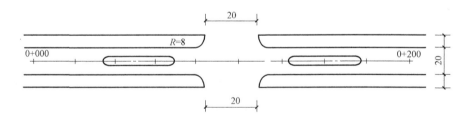

图 3-12　平面示意图（路口转角半径 $R = 8$m，分隔带半径 $r = 2$m，单位：m）

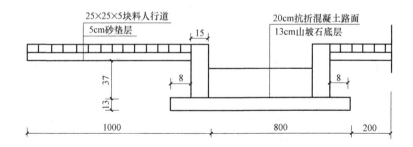

图 3-13　有分隔带段水泥混凝土路面结构（单位：cm）

**【解】**

（1）侧石长度

$$L = (250 - 40) \times 2 + 3.14 \times 8 \times 2 + (40 - 4) \times 4 + 3.14 \times 2 \times 2 \times 2$$
$$= 420 + 50.24 + 144 + 25.12$$
$$= 639.36 \ (\text{m})$$

基础面积：

$$S = 639.36 \times 0.25$$
$$= 159.84 \ (\text{m}^2)$$

（2）人行道板面积

$$S = (250 - 40) \times (8 - 0.15) \times 2 + 3.14 \times 7.85^2 + (40 - 4) \times 3.7 \times 2 + 3.14 \times 1.85^2 \times 2$$
$$= 3297 + 139.495 + 266.4 + 21.49$$
$$= 3724.39 \ (\text{m}^2)$$

### 实例11：某新建道路视线诱导器工程量计算

某新建道路全长2400m，宽18m，路面为水泥混凝土路面，在工程完成之后，视线诱导器也由该施工方进行安装，每80m安装一只视线诱导器，试求视线诱导器的工程量。

**【解】**

工程量清单：

$$视线诱导器只数 = \frac{2400}{80} + 1$$
$$= 31 \ (\text{只})$$

### 实例12：某干道人行道横道线的工程量计算

某干道交叉口如图3-14所示，人行道线宽0.2m，长度均为1.3m，试计算人行道线的工程量。

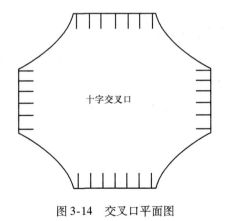

图3-14 交叉口平面图

**【解】**

工程量清单：

$$人行道线的面积 = 0.2 \times 1.3 \times (2 \times 7 + 2 \times 6)$$

$$= 0.26 \times 26$$
$$= 6.76 \ (\text{m}^2)$$

【注释】

从图中可知人行道的条数 $= 2 \times 7 + 2 \times 6$

### 实例13：某新建道路标线的工程量计算

某全长750m的道路平面图如图3-15所示，路面宽度为28m，车行道为20m，设为双向四车道，人行道为7.5m，在人行道与车行道之间设有缘石，缘石宽度为20cm，试计算标线的工程量。

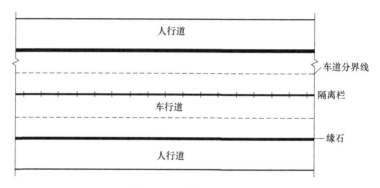

图3-15　道路平面图

【解】

$$标线的工程量 = 750 \times 2$$
$$= 1500 \ (\text{m})$$

【注释】

根据图3-15可知，一条马路有两条标线。

### 实例14：某改建道路清除标线的工程量计算

某道路，因年久失修，路面凸凹不平，加上日益严峻的交通状况，拟在原有道路的基础上进行改建，在进行改建时要及时清除原路面上的标线，路面标线如图3-16所示。已知该道路全长1200m，路面宽10m，车道中心线宽20cm，试计算清除标线的工程量。

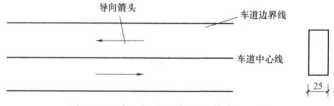

图3-16　路面标线示意图（单位：cm）

【解】

工程量清单：

$$清除标线工程量 = 1200 \times 0.20$$
$$= 240 （m^2）$$

## 实例15：某道路工程（沥青混凝土结构）工程量编制

某市一号道路工程 K0 +000 ~ K0 +100 为沥青混凝土结构，K0 +100 ~ K0 +135 为混凝土结构，车行道道路结构如图3-17 所示、人行道道路结构如图3-18 所示。路面修筑宽度为10m，路肩各宽1m，为保证压实，每边各加30cm。路面两边铺侧缘石。

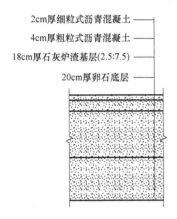

图3-17  车行道道路结构图

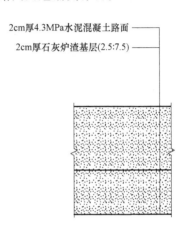

图3-18  人行道道路结构图

其施工方案如下：

1) 卵石底层用人工铺装、压路机碾压。

2) 石灰炉渣基层用拖拉机拌和、机械铺装、压路机碾压、顶层用洒水机养生。

3) 机械铺摊沥青混凝土，粗粒式沥青混凝土和细粒式沥青混凝土用厂拌运到现场，运距5km。

4) 水泥混凝土采取现场机械拌和、人工筑铺、用草袋覆盖洒水养生。

5) 设计侧缘石长50cm；采用切缝机钢锯片。

6) 工程材料单价见表3-6。

表3-6  工程材料单价表

| 序号 | 材料名称 | 单价 | 序号 | 材料名称 | 单价 |
|---|---|---|---|---|---|
| 1 | 粗粒式沥青混凝土 | 360 元/m³ | 4 | 侧缘石 | 5.0 元/片 |
| 2 | 细粒式沥青混凝土 | 420 元/m³ | 5 | 切缝机钢锯片 | 23 元/片 |
| 3 | 4.5MPa 水泥混凝土 | 170 元/m³ | | | |

试编制该道路（沥青混凝土结构）工程量清单计算表。

【解】

工程量清单计算见表3-7。

表3-7  工程量清单计算表

| 序号 | 项目编号 | 项目名称 | 项目特征描述 | 计量单位 | 工程量 |
|---|---|---|---|---|---|
| 1 | 040202010001 | 卵石 | 卵石厚度：20cm | m² | 1000 |

（续）

| 序号 | 项目编号 | 项目名称 | 项目特征描述 | 计量单位 | 工程量 |
|------|----------|----------|--------------|----------|--------|
| 2 | 040202006001 | 石灰、粉煤灰、碎（砾）石 | 1. 配合比:石灰炉渣 2.5:7.5<br>2. 厚度:20cm | m² | 350 |
| 3 | 040202006002 | 石灰、粉煤灰、碎（砾）石 | 1. 配合比:石灰炉渣 2.5:7.5<br>2. 厚度:18cm | m² | 1000 |
| 4 | 040203006001 | 沥青混凝土 | 1. 沥青品种:石油沥青<br>2. 石料粒径:最大粒径5cm<br>3. 厚度:4cm | m² | 1000 |
| 5 | 040203006002 | 沥青混凝土 | 1. 沥青品种:石油沥青<br>2. 石料粒径:最大粒径3cm<br>3. 厚度:2cm | m² | 1000 |
| 6 | 040203007001 | 水泥混凝土 | 1. 混凝土强度:4.5MPa<br>2. 厚度:22cm | m² | 350 |
| 7 | 040204004001 | 安砌侧（平、缘）石 | 材料品种:侧缘石 | m | 270 |

## 实例16：某道路工程（石油沥青混凝土路面）工程量编制

某市一号道路桩号 K0＋150～K0＋600 为沥青混凝土结构，道路结构如图 3-19 所示。已知挖一般土方（一、二类土）2750m³，填方（密实度95%）2430m³，路面修筑宽度为12m，路肩各宽1m，路面两边铺侧缘石。试编制工程量清单表。

**【解】**

（1）道路长度为

$$600 － 150 = 450 \text{（m）}$$

（2）余土外运（运距 10km）

$$2750 － 2430 = 320 \text{（m}^3\text{）}$$

（3）砂砾石底层（20cm 厚）

$$450 × 12 = 5400 \text{（m}^2\text{）}$$

（4）石灰炉渣基层（18cm 厚）

$$450 × 12 = 5400 \text{（m}^2\text{）}$$

（5）粗粒式沥青混凝土（4cm 厚）

$$450 × 12 = 5400 \text{（m}^2\text{）}$$

（6）细粒式沥青混凝土（2cm 厚）

$$450 × 12 = 5400 \text{（m}^2\text{）}$$

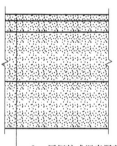

—2cm厚细粒式沥青混凝土
—4cm厚粗粒式沥青混凝土
—18cm厚石灰炉渣基层(2.5:7.5)
—20cm厚卵石底层

图 3-19　道路结构图

（7）侧缘石

$$450 × 2 = 900 \text{（m）}$$

工程量清单计算见表 3-8。

表3-8 工程量清单计算表

| 序号 | 项目编号 | 项目名称 | 项目特征描述 | 计量单位 | 工程量 |
|---|---|---|---|---|---|
| 1 | 040101001001 | 挖一般土方 | 挖一般土方,一、二类土 | $m^3$ | 2750 |
| 2 | 040103001001 | 回填方 | 填方,密实度95% | $m^3$ | 2430 |
| 3 | 040103002001 | 余方弃置 | 余土外运,运距10km | $m^3$ | 320 |
| 4 | 040202006001 | 石灰、粉煤灰、碎(砾)石 | 石灰炉渣(2.5:7.5),18cm厚 | $m^2$ | 5400 |
| 5 | 040202009001 | 砂砾石 | 砂砾石底层,20cm厚 | $m^2$ | 5400 |
| 6 | 040203006001 | 沥青混凝土 | 粗粒式沥青混凝土,4cm厚,最大粒径5cm,石油沥青 | $m^2$ | 5400 |
| 7 | 040203006002 | 沥青混凝土 | 细粒式沥青混凝土,2cm厚,最大粒径3cm,石油沥青 | $m^2$ | 5400 |
| 8 | 040204004001 | 安砌侧(平、缘)石 | 侧缘石安砌,900m | m | 900 |

## 实例17:某道路人行道整形的清单工程量编制

某市区新建次干道道路工程,设计路段桩号为 K0 + 100 ~ K0 + 240,在桩号 0 + 180 处有一丁字路口(斜交)。该次干道主路设计横断面路幅宽度为29m,其中车行道为18m,两侧人行道宽度各为5.5m。斜交道路设计横断面路幅宽度为27m,其中车行道为16m,两侧人行道宽度同主路。在人行道两侧共有52个 1m×1m 的石质块树池。道路路面结构层依次为:20cm 厚混凝土面层(抗折强度4.0MPa)、18cm 厚5%水泥稳定碎石基层、20cm 厚块石底层(人机配合施工),人行道采用6cm 厚彩色异形人行道板,如图3-20所示。有关说明如下:

(1)该设计路段土路基已填筑至设计路基标高。

(2)6cm 厚彩色异形人行道板、12cm × 37cm × 100cm 花岗石侧石及 10cm × 20cm × 100cm 花岗石树池均按成品考虑,具体材料取定价:彩色异形人行道板45 元/$m^2$、花岗石侧石80 元/m、花岗石树池20 元/m。

(3)水泥混凝土、水泥稳定碎石砂采用现场集中拌制,平均场内运距70m,采用双轮车运输。

(4)混凝土路面考虑塑料膜养护,路面刻防滑槽。

(5)混凝土嵌缝材料为沥青木丝板。

(6)路面钢筋 $\phi10$ 以内5.62t。

(7)斜交路口转角面积计算公式:$F = R^2\left(\tan\dfrac{\alpha}{2} - 0.00873\alpha\right)$。

试计算该道路的工程量。

【解】

(1)道路面积

$S_1 = (240 - 100) \times 18 + (60 - 9 \div \sin87°) \times 16 + 202 \times (\tan87° \div 2 - 0.00873 \times 87°) +$

$\quad\quad 202 \times (\tan93° \div 2 - 0.00873 \times 93°)$

$\quad = 3508.34 \ (m^2)$

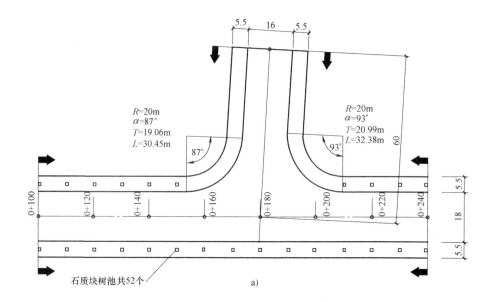

石质块树池共52个

a)

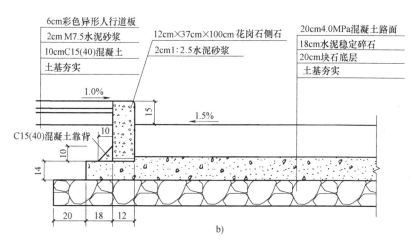

6cm彩色异形人行道板
2cm M7.5水泥砂浆
10cmC15(40)混凝土
土基夯实

12cm×37cm×100cm花岗石侧石
2cm1:2.5水泥砂浆

20cm4.0MPa混凝土路面
18cm水泥稳定碎石
20cm块石底层
土基夯实

C15(40)混凝土靠背

b)

图 3-20 某市区新建次干道示意图

a) 平面图（单位：m） b) 结构图（单位：cm）

（2）侧石长度

$L = 140 \times 2 - (19.06 + 20.99 + 16 \div \sin87°) + 30.45 + 32.38 + (60 - 9 \div \sin87° - 19.06) +$

$(60 - 9 \div \sin87° - 20.99)$

$= 348.69$（m²）

（3）路床（槽）整形

$$S_2 = 3508.34 + 348.69 \times (0.12 + 0.18 + 0.2 + 0.25)$$

$$= 3769.86$（m²）$$

（4）20cm 块石基石

$$S_3 = 3508.34 + 348.69 \times 0.5$$

$$= 3682.69$（m²）$$

（5）18cm 水泥稳定碎石基层

$$S_4 = 3508.34 + 348.69 \times 0.3 \times 0.14 \div 0.18$$
$$= 3589.7 \ (m^2)$$

（6）20cm 混凝土路面同道路面积：3508.34m²

（7）现浇构件钢筋 $\phi10$ 以内 5.62t

（8）人行道整形碾压

$$S_5 = 348.69 \times 5.5 + 348.69 \times 0.25$$
$$= 2004.97 \ (m^2)$$

（9）人行道块料铺设

$$S_6 = 348.69 \times 5.5 - 348.69 \times 0.12 - 1 \times 1 \times 52$$
$$= 1823.95 \ (m^2)$$

（10）花岗石侧石同侧石长度：348.69m²

（11）树池砌筑：52 个

工程量清单计算见表 3-9。

表 3-9　工程量清单计算表

| 序号 | 项目编码 | 项目名称 | 项目特征描述 | 计量单位 | 工程量 |
|---|---|---|---|---|---|
| 1 | 040202001001 | 路床（槽）整形 | 部位：车行道 | m² | 3769.86 |
| 2 | 040202012001 | 块石 | 厚度：20cm | m² | 3682.69 |
| 3 | 040202015001 | 水泥稳定碎（砾）石 | 1. 厚度：18cm<br>2. 水泥掺量：5% | m² | 3589.7 |
| 4 | 040203007001 | 水泥混凝土 | 1. 混凝土抗折强度：4.0MPa<br>2. 厚度：20cm<br>3. 嵌缝材料：沥青木丝板嵌缝<br>4. 其他：路面刻防滑槽 | m² | 3508.34 |
| 5 | 040204001001 | 人行道整形碾压 | 部位：人行道 | m² | 2004.97 |
| 6 | 040204002001 | 人行道块料铺设 | 1. 块料品种、规格：6cm 厚彩色异形人行道板<br>2. 基础、垫层：2cmM10 水泥砂浆砌筑；10cmC10（40）混凝土垫层<br>3. 图形：无图形要求 | m² | 1823.95 |
| 7 | 040204004001 | 安砌侧（平、缘）石 | 1. 块料品种、规格：12cm×37cm×100cm 花岗石侧石<br>2. 基础、垫层：2cm1:2.5 水泥砂浆铺筑；10cm×10cmC10（40）混凝土靠背 | m² | 348.69 |
| 8 | 040204007001 | 树池砌筑 | 1. 材料品种、规格：10cm×20cm×100cm 花岗石<br>2. 树池规格：1m×1m<br>3. 树池盖面材料品种：无 | 个 | 52 |
| 9 | 040901001001 | 现浇构件钢筋 | 1. 钢筋种类：圆钢<br>2. 钢筋规格：$\phi12$ | t | 5.62 |

## 实例18：某道路粉喷桩清单工程量编制

某道路全长2400m，路面宽度为22m，路肩各为1m，路基加宽值为30cm，其中路堤断面图、喷粉桩示意图如图3-21所示，试计算喷粉桩的工程量。

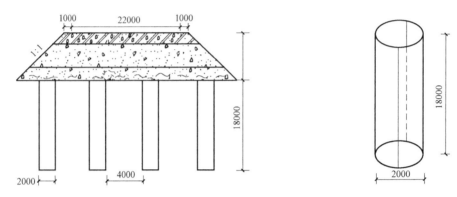

图3-21　路堤断面图、喷粉桩示意图（单位：mm）

【解】

清单工程量

喷粉桩的长度为：

$$[2400 \div (4+2)+1] \times [(22+1\times2) \div 6+1] \times 18$$
$$=401 \times 5 \times 18$$
$$=36090 \text{ (m)}$$

【注释】

应根据图中已知条件先求出粉喷桩的根数。

清单工程量计算表见表3-10。

表3-10　清单工程量计算表

| 项目编码 | 项目名称 | 项目特征描述 | 计量单位 | 工程量 |
|---|---|---|---|---|
| 040201014001 | 粉喷桩 | 1. 空桩长度、桩长：18m<br>2. 桩径：2m | m | 36450 |

## 实例19：某路基塑料排水板工程量编制

某段道路在K0+320～K0+650之间的路基为湿软的土质，为了防止路基因承载力不足而造成路基沉陷，现对该段路基进行处理，采用安装塑料排水板的方法，路面宽度为25m，路基断面如图3-22所示，每个断面铺两层塑料排水板，每块板宽6m，长35m，塑料排水板结构如图3-23所示，试计算塑料排水板的工程量。

【解】

$$塑料排水板工程量 = (650-320) \div 6 \times 35 \times 2$$
$$=330 \div 6 \times 35 \times 2$$
$$=3850.0 \text{ (m)}$$

清单工程量计算表见表3-11。

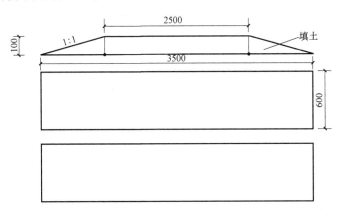

图3-22　路堤断面图（单位：cm）

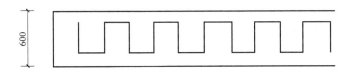

图3-23　塑料排水板结构图（单位：cm）

**表3-11　清单工程量计算表**

| 项目编码 | 项目名称 | 项目特征描述 | 计量单位 | 工程量 |
|---|---|---|---|---|
| 040201009001 | 塑料排水板 | 板宽：6m；长：35m | m | 3850.0 |

## 实例20：某道路工程量清单编制

某道路长为3250m，路面宽度为12m，其中K0＋230～K0＋870之间采用砂井办法。在K1＋250～K1＋780之间采用盲沟排水。另外，每隔100m设置一标杆以引导驾驶员的视线；同时竖立标志板以保证行人安全，共有35个此类建筑物。如图3-24、图3-25所示，试计算该道路的工程量。

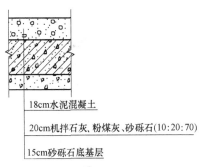

图3-24　道路结构图

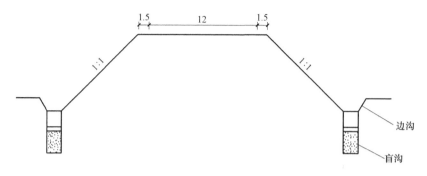

图 3-25   直沟布置图（单位：m）

**【解】**

（1）砂砾石底基层的面积

$$3250 \times 12 = 39000 \ （m^2）$$

（2）石灰、粉煤灰、砂砾石（10:20:70）基层的面积

$$3250 \times 12 = 39000 \ （m^2）$$

（3）水泥混凝土面层面积

$$3250 \times 12 = 39000 \ （m^2）$$

（4）砂井的长度

$[（1.5 \times 2 + 1.5 \times 2 + 12） \div （2 + 0.1） + 1] \times [（870 - 230） \div （2 + 0.1） + 1] \times 1.5$

$= （18 \div 2.1 + 1） \times （640 \div 2.1 + 1） \times 1.5$

$= 9.57 \times 305.76 \times 1.5$

$= 4389.19 \ （m）$

**【注释】**

单个砂井长度为 1.5m。

（5）盲沟长度

$$（1780 - 1250） \times 2 = 1060 \ （m）$$

（6）标杆套数

$$3250 \div 100 + 1 = 34 \ 套$$

（7）标志板块数：35 块

清单工程量计算表见表 3-12。

表 3-12   清单工程量计算表

| 序号 | 项目编码 | 项目名称 | 项目特征描述 | 计量单位 | 工程量 |
|---|---|---|---|---|---|
| 1 | 040202009001 | 砂砾石 | 1. 石料规格:2mm 砾石<br>2. 厚度:15cm | $m^2$ | 39000 |
| 2 | 040202006001 | 石灰、粉煤灰、碎（砾）石 | 1. 配合比:机拌石灰、粉煤灰、砂砾石 =10:20:70<br>2. 砾石规格:2mm 砾石<br>3. 厚度:20cm | $m^2$ | 39000 |

（续）

| 序号 | 项目编码 | 项目名称 | 项目特征描述 | 计量单位 | 工程量 |
|---|---|---|---|---|---|
| 3 | 040203007001 | 水泥混凝土 | 1. 混凝土强度等级：C30<br>2. 厚度：18cm | m² | 39000 |
| 4 | 040201008001 | 袋装砂井 | 1. 直径：0.1m<br>2. 砂井间距：2m | m | 4389.19 |
| 5 | 040201023001 | 盲沟 | 材料品种：碎石盲沟 | m | 1060 |
| 6 | 040205003001 | 标杆 | 材质：金属标杆 | 套 | 34 |
| 7 | 040205004001 | 标志板 | 材质：铝制标志板 | 块 | 35 |

# 第4章 桥涵工程清单工程量计算及实例

## 4.1 桥涵工程清单工程量计算规则

### 1. 桩基

桩基工程量清单项目设置、项目特征描述的内容、计量单位及工程量计算规则，应按表 4-1 的规定执行。

表 4-1 桩基（编号：040301）

| 项目编码 | 项目名称 | 项目特征 | 计量单位 | 工程量计算规则 | 工程内容 |
|---|---|---|---|---|---|
| 040301001 | 预制钢筋混凝土方桩 | 1. 地层情况<br>2. 送桩深度、桩长<br>3. 桩截面<br>4. 桩倾斜度<br>5. 混凝土强度等级 | 1. m<br>2. m³<br>3. 根 | 1. 以米计量，按设计图示尺寸以桩长(包括桩尖)计算<br>2. 以立方米计量，按设计图示桩长(包括桩尖)乘以桩的断面面积计算<br>3. 以根计量，按设计图示数量计算 | 1. 工作平台搭拆<br>2. 桩就位<br>3. 桩机移位<br>4. 沉桩<br>5. 接桩<br>6. 送桩 |
| 040301002 | 预制钢筋混凝土管桩 | 1. 地层情况<br>2. 送桩深度、桩长<br>3. 桩外径、壁厚<br>4. 桩倾斜度<br>5. 桩尖设置及类型<br>6. 混凝土强度等级<br>7. 填充材料种类 | | | 1. 工作平台搭拆<br>2. 桩就位<br>3. 桩机移位<br>4. 桩尖安装<br>5. 沉桩<br>6. 接桩<br>7. 送桩<br>8. 桩芯填充 |
| 040301003 | 钢管桩 | 1. 地层情况<br>2. 送桩深度、桩长<br>3. 材质<br>4. 管径、壁厚<br>5. 桩倾斜度<br>6. 填充材料种类<br>7. 防护材料种类 | 1. t<br>2. 根 | 1. 以吨计量，按设计图示尺寸以质量计算<br>2. 以根计量，按设计图示数量计算 | 1. 工作平台搭拆<br>2. 桩就位<br>3. 桩机移位<br>4. 沉桩<br>5. 接桩<br>6. 送桩<br>7. 切割钢管、精割盖帽<br>8. 管内取土、余土弃置<br>9. 管内填芯、刷防护材料 |
| 040301004 | 泥浆护壁成孔灌注桩 | 1. 地层情况<br>2. 空桩长度、桩长<br>3. 桩径<br>4. 成孔方法<br>5. 混凝土种类、强度等级 | 1. m<br>2. m³<br>3. 根 | 1. 以米计量，按设计图示尺寸以桩长(包括桩尖)计算<br>2. 以立方米计量，按不同截面在桩长范围内以体积计算<br>3. 以根计量，按设计图示数量计算 | 1. 工作平台搭拆<br>2. 桩机移位<br>3. 护筒埋设<br>4. 成孔、固壁<br>5. 混凝土制作、运输、灌注、养护<br>6. 土方、废浆外运<br>7. 打桩场地硬化及泥浆池、泥浆沟 |

（续）

| 项目编码 | 项目名称 | 项目特征 | 计量单位 | 工程量计算规则 | 工程内容 |
|---|---|---|---|---|---|
| 040301005 | 沉管灌注桩 | 1. 地层情况<br>2. 空桩长度、桩长<br>3. 复打长度<br>4. 桩径<br>5. 沉管方法<br>6. 桩尖类型<br>7. 混凝土种类、强度等级 | 1. m<br>2. m³<br>3. 根 | 1. 以米计量，按设计图示尺寸以桩长（包括桩尖）计算<br>2. 以立方米计量，按设计图示桩长（包括桩尖）乘以桩的断面面积计算<br>3. 以根计量，按设计图示数量计算 | 1. 工作平台搭拆<br>2. 桩机移位<br>3. 打（沉）拔钢管<br>4. 桩尖安装<br>5. 混凝土制作、运输、灌注、养护 |
| 040301006 | 干作业成孔灌注桩 | 1. 地层情况<br>2. 空桩长度、桩长<br>3. 桩径<br>4. 扩孔直径、高度<br>5. 成孔方法<br>6. 混凝土种类、强度等级 | | | 1. 工作平台搭拆<br>2. 桩机移位<br>3. 成孔、扩孔<br>4. 混凝土制作、运输、灌注、振捣、养护 |
| 040301007 | 挖孔桩土（石）方 | 1. 土（石）类别<br>2. 挖孔深度<br>3. 弃土（石）运距 | m³ | 按设计图示尺寸（含护壁）截面积乘以挖孔深度以立方米计算 | 1. 排地表水<br>2. 挖土、凿石<br>3. 基底钎探<br>4. 土（石）方外运 |
| 040301008 | 人工挖孔灌注桩 | 1. 桩芯长度<br>2. 桩芯直径、扩底直径、扩底高度<br>3. 护壁厚度、高度<br>4. 护壁材料种类、强度等级<br>5. 桩芯混凝土种类、强度等级 | 1. m³<br>2. 根 | 1. 以立方米计量，按桩芯混凝土体积计算<br>2. 以根计量，按设计图示数量计算 | 1. 护壁制作、安装<br>2. 混凝土制作、运输、灌注、振捣、养护 |
| 040301009 | 钻孔压浆桩 | 1. 地层情况<br>2. 桩长<br>3. 钻孔直径<br>4. 骨料品种、规格<br>5. 水泥强度等级 | 1. m<br>2. 根 | 1. 以米计量，按设计图示尺寸以桩长计算<br>2. 以根计量，按设计图示数量计算 | 1. 钻孔、下注浆管、投放骨料<br>2. 浆液制作、运输、压浆 |
| 040301010 | 灌注桩后注浆 | 1. 注浆导管材料、规格<br>2. 注浆导管长度<br>3. 单孔注浆量<br>4. 水泥强度等级 | 孔 | 按设计图示以注浆孔数计算 | 1. 注浆导管制作、安装<br>2. 浆液制作、运输、压浆 |
| 040301011 | 截桩头 | 1. 桩类型<br>2. 桩头截面、高度<br>3. 混凝土强度等级<br>4. 有无钢筋 | 1. m³<br>2. 根 | 1. 以立方米计量，按设计桩截面乘以桩头长度以体积计算<br>2. 以根计量，按设计图示数量计算 | 1. 截桩头<br>2. 凿平<br>3. 废料外运 |

(续)

| 项目编码 | 项目名称 | 项 目 特 征 | 计量单位 | 工程量计算规则 | 工 程 内 容 |
|---|---|---|---|---|---|
| 040301012 | 声测管 | 1. 材质<br>2. 规格型号 | 1. t<br>2. m | 1. 按设计图示尺寸以质量计算<br>2. 按设计图示尺寸以长度计算 | 1. 检测管截断、封头<br>2. 套管制作、焊接<br>3. 定位、固定 |

注: 1. 地层情况按表2-2和表2-6的规定,并根据岩土工程勘察报告按单位工程各地层所占比例(包括范围值)进行描述。对无法准确描述的地层情况,可注明由投标人根据岩土工程勘察报告自行决定报价。

2. 各类混凝土预制桩以成品桩考虑,应包括成品桩购置费,如果用现场预制,应包括现场预制桩的所有费用。

3. 项目特征中的桩截面、混凝土强度等级、桩类型等可直接用标准图代号或设计桩型进行描述。

4. 打试验桩和打斜桩应按相应项目编码单独列项,并应在项目特征中注明试验桩或斜桩(斜率)。

5. 项目特征中的桩长应包括桩尖,空桩长度 = 孔深 - 桩长,孔深为自然地面至设计桩底的深度。

6. 泥浆护壁成孔灌注桩是指在泥浆护壁条件下成孔,采用水下灌注混凝土的桩。其成孔方法包括冲击钻成孔、冲抓锥成孔、回旋钻成孔、潜水钻成孔、泥浆护壁的旋挖成孔等。

7. 沉管灌注桩的沉管方法包括捶击沉管法、振动沉管法、振动冲击沉管法、内夯沉管法等。

8. 干作业成孔灌注桩是指不用泥浆护壁和套管护壁的情况下,用钻机成孔后,下钢筋笼,灌注混凝土的桩,适用于地下水位以上的土层使用。其成孔方法包括螺旋钻成孔、螺旋钻成孔扩底、干作业的旋挖成孔等。

9. 混凝土灌注桩的钢筋笼制作、安装,按"钢筋工程"中相关项目编码列项。

10. 本表工作内容未含桩基础的承载力检测、桩身完整性检测。

## 2. 基坑和边坡支护

基坑与边坡支护工程量清单项目设置、项目特征描述的内容、计量单位及工程量计算规则,应按表4-2的规定执行。

表4-2 基坑与边坡支护(编码:040302)

| 项目编码 | 项目名称 | 项 目 特 征 | 计量单位 | 工程量计算规则 | 工 程 内 容 |
|---|---|---|---|---|---|
| 040302001 | 圆木桩 | 1. 地层情况<br>2. 桩长<br>3. 材质<br>4. 尾径<br>5. 桩倾斜度 | 1. m<br>2. 根 | 1. 以米计量,按设计图示尺寸以桩长(包括桩尖)计算<br>2. 以根计量,按设计图示数量计算 | 1. 工作平台搭拆<br>2. 桩机移位<br>3. 桩制作、运输、就位<br>4. 桩靴安装<br>5. 沉桩 |
| 040302002 | 预制钢筋混凝土板桩 | 1. 地层情况<br>2. 送桩深度、桩长<br>3. 桩截面<br>4. 混凝土强度等级 | 1. m³<br>2. 根 | 1. 以立方米计量,按设计图示桩长(包括桩尖)乘以桩的断面面积计算<br>2. 以根计量,按设计图示数量计算 | 1. 工作平台搭拆<br>2. 桩就位<br>3. 桩机移位<br>4. 沉桩<br>5. 接桩<br>6. 送桩 |
| 040302003 | 地下连续墙 | 1. 地层情况<br>2. 导墙类型、截面<br>3. 墙体厚度<br>4. 成槽深度<br>5. 混凝土种类、强度等级<br>6. 接头形式 | m³ | 按设计图示墙中心线长乘以厚度乘以槽深,以体积计算 | 1. 导墙挖填、制作、安装、拆除<br>2. 挖土成槽、固壁、清底置换<br>3. 混凝土制作、运输、灌注、养护<br>4. 接头处理<br>5. 土方、废浆外运<br>6. 打桩场地硬化及泥浆池、泥浆沟 |

（续）

| 项目编码 | 项目名称 | 项目特征 | 计量单位 | 工程量计算规则 | 工程内容 |
|---|---|---|---|---|---|
| 040302004 | 咬合灌注桩 | 1. 地层情况<br>2. 桩长<br>3. 桩径<br>4. 混凝土种类、强度等级<br>5. 部位 | 1. m<br>2. 根 | 1. 以米计量，按设计图示尺寸以桩长计算<br>2. 以根计量，按设计图示数量计算 | 1. 桩机移位<br>2. 成孔、固壁<br>3. 混凝土制作、运输、灌注、养护<br>4. 套管压拔<br>5. 土方、废浆外运<br>6. 打桩场地硬化及泥浆池、泥浆沟 |
| 040302005 | 型钢水泥土搅拌墙 | 1. 深度<br>2. 桩径<br>3. 水泥掺量<br>4. 型钢材质、规格<br>5. 是否拔出 | m³ | 按设计图示尺寸以体积计算 | 1. 钻机移位<br>2. 钻进<br>3. 浆液制作、运输、压浆<br>4. 搅拌、成桩<br>5. 型钢插拔<br>6. 土方、废浆外运 |
| 040302006 | 锚杆（索） | 1. 地层情况<br>2. 锚杆（索）类型、部位<br>3. 钻孔直径、深度<br>4. 杆体材料品种、规格、数量<br>5. 是否预应力<br>6. 浆液种类、强度等级 | 1. m<br>2. 根 | 1. 以米计量，按设计图示尺寸以钻孔深度计算<br>2. 以根计量，按设计图示数量计算 | 1. 钻孔、浆液制作、运输、压浆<br>2. 锚杆（索）制作、安装<br>3. 张拉锚固<br>4. 锚杆（索）施工平台搭设、拆除 |
| 040302007 | 土钉 | 1. 地层情况<br>2. 钻孔直径、深度<br>3. 置入方法<br>4. 杆体材料品种、规格、数量<br>5. 浆液种类、强度等级 | 1. m<br>2. 根 | 1. 以米计量，按设计图示尺寸以钻孔深度计算<br>2. 以根计量，按设计图示数量计算 | 1. 钻孔、浆液制作、运输、压浆<br>2. 土钉制作、安装<br>3. 土钉施工平台搭设、拆除 |
| 040302008 | 喷射混凝土 | 1. 部位<br>2. 厚度<br>3. 材料种类<br>4. 混凝土类别、强度等级 | m² | 按设计图示尺寸以面积计算 | 1. 修整边坡<br>2. 混凝土制作、运输、喷射、养护<br>3. 钻排水孔、安装排水管<br>4. 喷射施工平台搭设、拆除 |

注：1. 地层情况按表2-2和表2-6的规定，并根据岩土工程勘察报告按单位工程各地层所占比例（包括范围值）进行描述。对无法准确描述的地层情况，可注明由投标人根据岩土工程勘察报告自行决定报价。

2. 地下连续墙和喷射混凝土的钢筋网制作、安装，按"钢筋工程"中相关项目编码列项。基坑与边坡支护的排桩按"桩基"中相关项目编码列项。水泥土墙、坑内加固按"道路工程"中"路基工程"中相关项目编码列项。混凝土挡土墙、桩顶冠梁、支撑体系按"隧道工程"中相关项目编码列项。

### 3. 现浇混凝土构件

现浇混凝土构件工程量清单项目设置、项目特征描述的内容、计量单位及工程量计算规则，应按表 4-3 的规定执行。

表 4-3　现浇混凝土构件（编码：040303）

| 项目编码 | 项目名称 | 项目特征 | 计量单位 | 工程量计算规则 | 工程内容 |
|---|---|---|---|---|---|
| 040303001 | 混凝土垫层 | 混凝土强度等级 | m³ | 按设计图示尺寸以体积计算 | 1. 模板制作、安装、拆除<br>2. 混凝土拌和、运输、浇筑<br>3. 养护 |
| 040303002 | 混凝土基础 | 1. 混凝土强度等级<br>2. 嵌料(毛石)比例 | | | |
| 040303003 | 混凝土承台 | 混凝土强度等级 | | | |
| 040303004 | 混凝土墩（台）帽 | 1. 部位<br>2. 混凝土强度等级 | | | |
| 040303005 | 混凝土墩（台）身 | | | | |
| 040303006 | 混凝土支撑梁及横梁 | | | | |
| 040303007 | 混凝土墩（台）盖梁 | | | | |
| 040303008 | 混凝土拱桥拱座 | 混凝土强度等级 | | | |
| 040303009 | 混凝土拱桥拱肋 | | | | |
| 040303010 | 混凝土拱上构件 | 1. 部位<br>2. 混凝土强度等级 | | | |
| 040303011 | 混凝土箱梁 | | | | |
| 040303012 | 混凝土连续板 | 1. 部位<br>2. 结构形式<br>3. 混凝土强度等级 | | | |
| 040303013 | 混凝土板梁 | | | | |
| 040303014 | 混凝土板拱 | 1. 部位<br>2. 混凝土强度等级 | | | |
| 040303015 | 混凝土挡墙墙身 | 1. 混凝土强度等级<br>2. 泄水孔材料品种、规格<br>3. 滤水层要求<br>4. 沉降缝要求 | | | 1. 模板制作、安装、拆除<br>2. 混凝土拌和、运输、浇筑<br>3. 养护<br>4. 抹灰<br>5. 泄水孔制作、安装<br>6. 滤水层铺筑<br>7. 沉降缝 |
| 040303016 | 混凝土挡墙压顶 | 1. 混凝土强度等级<br>2. 沉降缝要求 | | | |
| 040303017 | 混凝土楼梯 | 1. 结构形式<br>2. 底板厚度<br>3. 混凝土强度等级 | 1. m²<br>2. m³ | 1. 以平方米计量，按设计图示尺寸以水平投影面积计算<br>2. 以立方米计量，按设计图示尺寸以体积计算 | 1. 模板制作、安装、拆除<br>2. 混凝土拌和、运输、浇筑<br>3. 养护 |
| 040303018 | 混凝土防撞护栏 | 1. 断面<br>2. 混凝土强度等级 | m | 按设计图示尺寸以长度计算 | |

（续）

| 项目编码 | 项目名称 | 项目特征 | 计量单位 | 工程量计算规则 | 工程内容 |
|---|---|---|---|---|---|
| 040303019 | 桥面铺装 | 1. 混凝土强度等级<br>2. 沥青品种<br>3. 沥青混凝土种类<br>4. 厚度<br>5. 配合比 | m² | 按设计图示尺寸以面积计算 | 1. 模板制作、安装、拆除<br>2. 混凝土拌和、运输、浇筑<br>3. 养护<br>4. 沥青混凝土铺装<br>5. 碾压 |
| 040303020 | 混凝土桥头搭板 | 混凝土强度等级 | m³ | 按设计图示尺寸以体积计算 | 1. 模板制作、安装、拆除<br>2. 混凝土拌和、运输、浇筑<br>3. 养护 |
| 040303021 | 混凝土搭板枕梁 | | | | |
| 040303022 | 混凝土桥塔身 | 1. 形状<br>2. 混凝土强度等级 | | | |
| 040303023 | 混凝土连系梁 | | | | |
| 040303024 | 混凝土其他构件 | 1. 名称、部位<br>2. 混凝土强度等级 | | | |
| 040303025 | 钢管拱混凝土 | 混凝土强度等级 | | | 混凝土拌和、运输、压注 |

注：台帽、台盖梁均应包括耳墙、背墙。

### 4. 预制混凝土构件

预制混凝土构件工程量清单项目设置、项目特征描述的内容、计量单位及工程量计算规则，应按表4-4的规定执行。

**表4-4 预制混凝土构件**（编码：040304）

| 项目编码 | 项目名称 | 项目特征 | 计量单位 | 工程量计算规则 | 工程内容 |
|---|---|---|---|---|---|
| 040304001 | 预制混凝土梁 | 1. 部位<br>2. 图集、图样名称<br>3. 构件代号、名称<br>4. 混凝土强度等级<br>5. 砂浆强度等级 | m³ | 按设计图示尺寸以体积计算 | 1. 模板制作、安装、拆除<br>2. 混凝土拌和、运输、浇筑<br>3. 养护<br>4. 构件安装<br>5. 接头灌缝<br>6. 砂浆制作<br>7. 运输 |
| 040304002 | 预制混凝土柱 | | | | |
| 040304003 | 预制混凝土板 | | | | |
| 040304004 | 预制混凝土挡土墙墙身 | 1. 图集、图样名称<br>2. 构件代号、名称<br>3. 结构形式<br>4. 混凝土强度等级<br>5. 泄水孔材料种类、规格<br>6. 滤水层要求<br>7. 砂浆强度等级 | | | 1. 模板制作、安装、拆除<br>2. 混凝土拌和、运输、浇筑<br>3. 养护<br>4. 构件安装<br>5. 接头灌缝<br>6. 泄水孔制作、安装<br>7. 滤水层铺设<br>8. 砂浆制作<br>9. 运输 |

（续）

| 项目编码 | 项目名称 | 项 目 特 征 | 计量单位 | 工程量计算规则 | 工 程 内 容 |
|---|---|---|---|---|---|
| 040304005 | 预制混凝土其他构件 | 1. 部位<br>2. 图集、图样名称<br>3. 构件代号、名称<br>4. 混凝土强度等级<br>5. 砂浆强度等级 | m³ | 按设计图示尺寸以体积计算 | 1. 模板制作、安装、拆除<br>2. 混凝土拌和、运输、浇筑<br>3. 养护<br>4. 构件安装<br>5. 接头灌浆<br>6. 砂浆制作<br>7. 运输 |

### 5. 砌筑

砌筑工程量清单项目设置、项目特征描述的内容、计量单位及工程量计算规则，应按表4-5的规定执行。

**表4-5　砌筑（编码：040305）**

| 项目编码 | 项目名称 | 项 目 特 征 | 计量单位 | 工程量计算规则 | 工 程 内 容 |
|---|---|---|---|---|---|
| 040305001 | 垫层 | 1. 材料品种、规格<br>2. 厚度 | m³ | 按设计图示尺寸以体积计算 | 垫层铺筑 |
| 040305002 | 干砌块料 | 1. 部位<br>2. 材料品种、规格<br>3. 泄水孔材料品种、规格<br>4. 滤水层要求<br>5. 沉降缝要求 | | | 1. 砌筑<br>2. 砌体勾缝<br>3. 砌体抹面<br>4. 泄水孔制作、安装<br>5. 滤层铺设<br>6. 沉降缝 |
| 040305003 | 浆砌块料 | 1. 部位<br>2. 材料品种、规格<br>3. 砂浆强度等级<br>4. 泄水孔材料品种、规格<br>5. 滤水层要求<br>6. 沉降缝要求 | | | |
| 040305004 | 砖砌体 | | | | |
| 040305005 | 护坡 | 1. 材料品种<br>2. 结构形式<br>3. 厚度<br>4. 砂浆强度等级 | m² | 按设计图示尺寸以面积计算 | 1. 修整边坡<br>2. 砌筑<br>3. 砌体勾缝<br>4. 砌体抹面 |

注：1. 干砌块料、浆砌块料和砖砌体应根据工程部位不同，分别设置清单编码。
　　2. 本表清单项目中"垫层"是指碎石、块石等非混凝土类垫层。

### 6. 立交箱涵

立交箱涵工程量清单项目设置、项目特征描述的内容、计量单位及工程量计算规则，应按表4-6的规定执行。

**表4-6　立交箱涵（编码：040306）**

| 项目编码 | 项目名称 | 项 目 特 征 | 计量单位 | 工程量计算规则 | 工 程 内 容 |
|---|---|---|---|---|---|
| 040306001 | 透水管 | 1. 材料品种、规格<br>2. 管道基础形式 | m | 按设计图示尺寸以长度计算 | 1. 基础铺筑<br>2. 管道铺设、安装 |

（续）

| 项目编码 | 项目名称 | 项目特征 | 计量单位 | 工程量计算规则 | 工 程 内 容 |
|---|---|---|---|---|---|
| 040306002 | 滑板 | 1. 混凝土强度等级<br>2. 石蜡层要求<br>3. 塑料薄膜品种、规格 | m³ | 按设计图示尺寸以体积计算 | 1. 模板制作、安装、拆除<br>2. 混凝土拌和、运输、浇筑<br>3. 养护<br>4. 涂石蜡层<br>5. 铺塑料薄膜 |
| 040306003 | 箱涵底板 | 1. 混凝土强度等级<br>2. 混凝土抗渗要求<br>3. 防水层工艺要求 | m³ | 按设计图示尺寸以体积计算 | 1. 模板制作、安装、拆除<br>2. 混凝土拌和、运输、浇筑<br>3. 养护<br>4. 防水层铺涂 |
| 040306004 | 箱涵侧墙 | | | | 1. 模板制作、安装、拆除<br>2. 混凝土拌和、运输、浇筑<br>3. 养护<br>4. 防水砂浆<br>5. 防水层铺涂 |
| 040306005 | 箱涵顶板 | | | | |
| 040306006 | 箱涵顶进 | 1. 断面<br>2. 长度<br>3. 弃土运距 | kt·m | 按设计图示尺寸以被顶箱涵的质量，乘以箱涵的位移距离分节累计计算 | 1. 顶进设备安装、拆除<br>2. 气垫安装、拆除<br>3. 气垫使用<br>4. 钢刃角制作、安装、拆除<br>5. 挖土实顶<br>6. 土方场内外运输<br>7. 中继间安装、拆除 |
| 040306007 | 箱涵接缝 | 1. 材质<br>2. 工艺要求 | m | 按设计图示止水带长度计算 | 接缝 |

注：除箱涵顶进土方外，顶进工作坑等土方应按"第2章土石方工程"中相关项目编码列项。

**7. 钢结构**

钢结构工程量清单项目设置、项目特征描述的内容、计量单位及工程量计算规则，应按表4-7的规定执行。

表4-7　钢结构（编码：040307）

| 项目编码 | 项目名称 | 项目特征 | 计量单位 | 工程量计算规则 | 工 程 内 容 |
|---|---|---|---|---|---|
| 040307001 | 钢箱梁 | 1. 材料品种、规格<br>2. 部位<br>3. 探伤要求<br>4. 防火要求<br>5. 补刷油漆品种、色彩、工艺要求 | t | 按设计图示尺寸以质量计算。不扣除孔眼的质量，焊条、铆钉、螺栓等不另增加质量 | 1. 拼装<br>2. 安装<br>3. 探伤<br>4. 涂刷防火涂料<br>5. 补刷油漆 |
| 040307002 | 钢板梁 | | | | |
| 040307003 | 钢桁梁 | | | | |
| 040307004 | 钢拱 | | | | |
| 040307005 | 劲性钢结构 | | | | |
| 040307006 | 钢结构叠合梁 | | | | |
| 040307007 | 其他钢构件 | | | | |
| 040307008 | 悬（斜拉）索 | 1. 材料品种、规格<br>2. 直径<br>3. 抗拉强度<br>4. 防护方式 | | 按设计图示尺寸以质量计算 | 1. 拉索安装<br>2. 张拉、索力调整、锚固<br>3. 防护壳制作、安装 |

（续）

| 项目编码 | 项目名称 | 项目特征 | 计量单位 | 工程量计算规则 | 工程内容 |
|---|---|---|---|---|---|
| 040307009 | 钢拉杆 | 1. 材料品种、规格<br>2. 直径<br>3. 抗拉强度<br>4. 防护方式 | t | 按设计图示尺寸以质量计算 | 1. 连接、紧锁件安装<br>2. 钢拉杆安装<br>3. 钢拉杆防腐<br>4. 钢拉杆防护壳制作、安装 |

### 8. 装饰

装饰工程量清单项目设置、项目特征描述的内容、计量单位及工程量计算规则，应按表4-8的规定执行。

表4-8　装饰（编码：040308）

| 项目编码 | 项目名称 | 项目特征 | 计量单位 | 工程量计算规则 | 工程内容 |
|---|---|---|---|---|---|
| 040308001 | 水泥砂浆抹面 | 1. 砂浆配合比<br>2. 部位<br>3. 厚度 | m² | 按设计图示尺寸以面积计算 | 1. 基层清理<br>2. 砂浆抹面 |
| 040308002 | 剁斧石饰面 | 1. 材料<br>2. 部位<br>3. 形式<br>4. 厚度 | | | 1. 基层清理<br>2. 饰面 |
| 040308003 | 镶贴面层 | 1. 材质<br>2. 规格<br>3. 厚度<br>4. 部位 | | | 1. 基层清理<br>2. 镶贴面层<br>3. 勾缝 |
| 040308004 | 涂料 | 1. 材料品种<br>2. 部位 | | | 1. 基层清理<br>2. 涂料涂刷 |
| 040308005 | 油漆 | 1. 材料品种<br>2. 部位<br>3. 工艺要求 | | | 1. 除锈<br>2. 刷油漆 |

注：如遇本清单项目缺项时，可按现行国家标准《房屋建筑与装饰工程工程量计算规范》（GB 50854—2013）中相关项目编码列项。

### 9. 其他

其他工程量清单项目设置、项目特征描述的内容、计量单位及工程量计算规则，应按表4-9的规定执行。

表4-9　其他（编码：040309）

| 项目编码 | 项目名称 | 项目特征 | 计量单位 | 工程量计算规则 | 工程内容 |
|---|---|---|---|---|---|
| 040309001 | 金属栏杆 | 1. 栏杆材质、规格<br>2. 油漆品种、工艺要求 | 1. t<br>2. m | 1. 按设计图示尺寸以质量计算<br>2. 按设计图示尺寸以延长米计算 | 1. 制作、运输、安装<br>2. 除锈、刷油漆 |
| 040309002 | 石质栏杆 | 材料品种、规格 | m | 按设计图示尺寸以长度计算 | 制作、运输、安装 |

（续）

| 项目编码 | 项目名称 | 项目特征 | 计量单位 | 工程量计算规则 | 工程内容 |
|---|---|---|---|---|---|
| 040309003 | 混凝土栏杆 | 1. 混凝土强度等级<br>2. 规格尺寸 | m | 按设计图示尺寸以长度计算 | 制作、运输、安装 |
| 040309004 | 橡胶支座 | 1. 材质<br>2. 规格、型号<br>3. 形式 | 个 | 按设计图示数量计算 | 支座安装 |
| 040309005 | 钢支座 | 1. 规格、型号<br>2. 形式 | | | |
| 040309006 | 盆式支座 | 1. 材质<br>2. 承载力 | | | |
| 040309007 | 桥梁伸缩装置 | 1. 材料品种<br>2. 规格、型号<br>3. 混凝土种类<br>4. 混凝土强度等级 | m | 以米计量，按设计图示尺寸以延长米计算 | 1. 制作、安装<br>2. 混凝土拌和、运输、浇筑 |
| 040309008 | 隔声屏障 | 1. 材料品种<br>2. 结构形式<br>3. 油漆品种、工艺要求 | m² | 按设计图示尺寸以面积计算 | 1. 制作、安装<br>2. 除锈、刷油漆 |
| 040309009 | 桥面排（泄）水管 | 1. 材料品种<br>2. 管径 | m | 按设计图示以长度计算 | 进水口、排（泄）水管制作、安装 |
| 040309010 | 防水层 | 1. 部位<br>2. 材料品种、规格<br>3. 工艺要求 | m² | 按设计图示尺寸以面积计算 | 防水层铺涂 |

注：支座垫石混凝土按"现浇混凝土构件"中"混凝土基础"项目编码列项。

**10. 相关问题及说明**

1）清单项目各类预制桩均按成品构件编制，购置费用应计入综合单价中，如采用现场预制，包括预制构件制作的所有费用。

2）当以体积为计量单位计算混凝土工程量时，不扣除构件内钢筋、螺栓、预埋铁件、张拉孔道和单个面积≤0.3m²的孔洞所占体积，但应扣除型钢混凝土构件中型钢所占体积。

3）桩基陆上工作平台搭拆工作内容包括在相应的清单项目中，若为水上工作平台搭拆，应按"措施项目"相关项目单独编码列项。

## 4.2 桥涵工程工程量清单编制实例

### 实例1：某桥梁工程打混凝土管桩的工程量计算

某桥梁工程采用混凝土空心管桩，如图4-1所示，求打混凝土管桩的工程量。

**【解】**

混凝土管桩的清单工程量：

$$l = 24 + 0.5$$
$$= 24.5 \text{（m）}$$

## 实例2：某工程采用柴油机打桩机打预制钢筋混凝土板桩的工程量计算

某工程采用柴油机打桩机打钢筋混凝土板桩，桩长为28000mm，如图4-2所示。求钢筋混凝土板桩工程量。

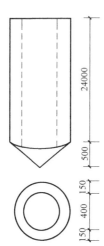

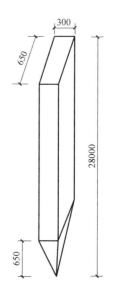

图4-1　混凝土空心管桩（单位：mm）

图4-2　钢筋混凝土板桩（单位：mm）

**【解】**

钢筋混凝土板桩工程量：

$V = Sl$

$\quad = 0.3 \times 0.65 \times 28$

$\quad = 5.46 \ (m^3)$

## 实例3：某桥墩混凝土墩帽的工程量计算

某桥梁墩帽如图4-3所示，试计算其工程量。

**【解】**

桥梁墩帽的清单工程量：

$V_1 = 3 \times 4.5 \times (0.04 + 0.06)$

$\quad = 1.35 (m^3)$

方法一：

$V_2 = V_3 = \dfrac{1}{2} \times (0.04 + 0.1) \times 1.4 \times 4.5$

$\quad = 0.44 \ (m^3)$

方法二：

$V_2 = V_3 = 1.4 \times (0.04 + 0.06) \times 4.5 - \dfrac{1}{2} \times 0.06 \times 1.4 \times 4.5$

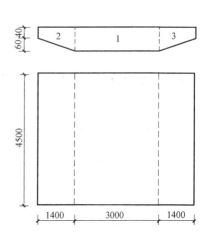

图4-3　桥梁墩帽（单位：mm）

$$= 0.63 - 0.189$$
$$= 0.44 \ (\text{m}^3)$$
$$V = V_1 + V_2 + V_3 = 1.35 + 0.44 + 0.44$$
$$= 2.23 \ (\text{m}^3)$$

### 实例4：某桥墩立柱的混凝土工程量计算

如图4-4所示，某一桥梁桥墩处设了根截面尺寸为1m×1m方立柱，立柱设在盖梁与承台之间，立柱高25m，工厂预制生产，求该桥墩立柱的混凝土工程量。

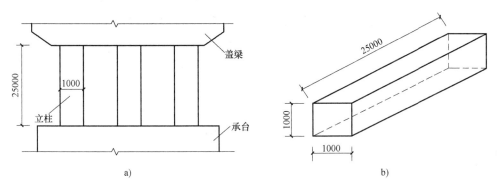

图4-4 立柱示意图（单位：mm）

a）立面图 b）立柱大样图

【解】

单根立柱混凝土工程量：
$$V = 1 \times 2 \times 25$$
$$= 50 \ (\text{m}^3)$$
总计为$= 3 \times 50$
$$= 150 \ (\text{m}^3)$$

### 实例5：混凝土空心板桥工程量计算

某跨径为15m的预应力空心板桥，其空心桥板横截面如图4-5所示，计算单梁板的工程量。

【解】

单梁板清单工程量：
$$V_1 = 2.4 \times 0.8 \times 15$$
$$= 28.8 (\text{m}^3)$$
$$V_2 = \pi \times \left(\frac{0.6}{2}\right)^2 \times 15$$
$$= 4.24 \ (\text{m}^3)$$
$$V_3 = \frac{1}{2} \times (0.1 + 0.1) \times 0.1 \times 15$$
$$= 0.15 \ (\text{m}^3)$$

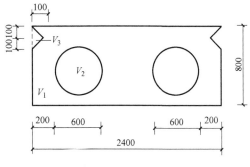

图4-5 空心桥板横截面（单位：mm）

$$V = V_1 - 2V_2 - 2V_3$$
$$= 28.8 - 2 \times 4.24 - 2 \times 0.15$$
$$= 20.02 \ (\text{m}^3)$$

### 实例 6：某混凝土桥头搭板工程量计算

某混凝土桥头搭板横截面如图 4-6 所示，采用 C20 混凝土浇筑，石子最大粒径 18mm，试计算该混凝土桥头搭板工程量（取板长为 24m）。

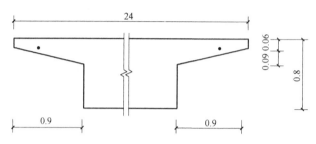

图 4-6　某混凝土桥头搭板横截面（单位：m）

【解】

$$横断面面积 = \frac{1}{2} \times (0.06 + 0.15) \times 0.9 \times 2 + (24 - 2 \times 0.9) \times 0.8$$
$$= 0.189 + 17.76$$
$$= 17.949 \ (\text{m}^2)$$

$$混凝土桥头搭板的工程量 = 17.949 \times 24$$
$$= 430.78 \ (\text{m}^2)$$

【注释】　$0.06 + 0.09 = 0.15 \ (\text{m})$

### 实例 7：某桥梁工程预制钢筋混凝土 T 形板工程量计算

某 T 形预应力混凝土预制梁，梁下部做成马蹄形，梁高 120cm，翼缘宽度 1.8m，梁长 25.0m，其他尺寸如图 4-7 中标注所示，求该 T 形梁混凝土工程量。

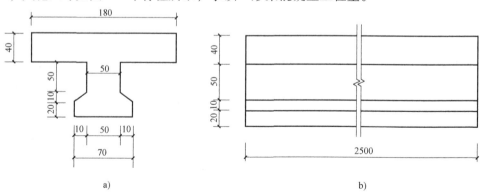

图 4-7　T 形预应力混凝土预制梁示意图（单位：cm）
a）剖面图　b）立面图

【解】

$$T形梁横截面面积 = 0.4 \times 1.8 + 0.5 \times 0.5 + \frac{1}{2}(0.5 + 0.7) \times 0.1 + 0.2 \times 0.7$$

$$= 0.72 + 0.25 + 0.06 + 0.14$$

$$= 1.17 \ (m^2)$$

$$T形梁混凝土工程量 = 1.17 \times 25.0$$

$$= 29.25 \ (m^3)$$

## 实例8：某桥梁栏杆（包括立柱）混凝土工程量计算

某桥梁栏杆立柱及扶手采用混凝土工厂预制生产，栏杆布置在桥梁两侧，长120m，栏杆端部分别有一立柱，高2.8m，沿栏杆长度范围内立柱间距3m，其他相关尺寸如图4-8中标注，求该栏杆（包括立柱）的混凝土工程量。

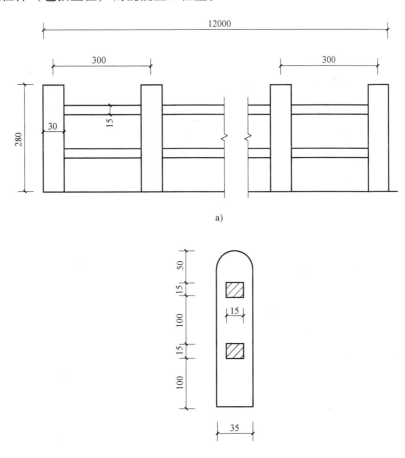

图4-8 桥梁栏杆示意图（单位：cm）

a) 栏杆立面图 b) 栏杆断面图

【解】

单侧栏杆立柱个数：

$$\frac{120}{3} + 1 = 41 \text{(个)}$$

单个立柱混凝土工程量：

$$V = \left[ \frac{\pi}{2} \times 0.5^2 + (2.8 - 0.5) \times 0.3 \right] \times 0.35$$

$$= (0.3925 + 0.69) \times 0.35$$

$$= 0.379 \ (\text{m}^3)$$

栏杆扶手混凝土工程量：

$$V = 0.15 \times 0.15 \times (120 - 41 \times 0.3) \times 2$$

$$= 0.0225 \times 107.7 \times 2$$

$$= 4.85 \ (\text{m}^3)$$

总计为：

$$2 \times (41 \times 0.15 + 4.85)$$

$$= 2 \times 11$$

$$= 22 \ (\text{m}^3)$$

## 实例9：某桥梁重力式桥台台帽和台身工程量计算

某桥梁重力式桥台，台身采用 M10 水泥砂浆砌块石，台帽采用 M10 水泥砂浆砌料石，如图 4-9 所示，共 2 个台座，长度 14m。Φ100PVC 泄水管，安装间距 3m。50mm × 50mm 级配碎石反滤层、泄水孔进口二层土工布包裹。试计算该桥梁台身及台帽工程的工程量（不考虑基础及勾缝等内容）。

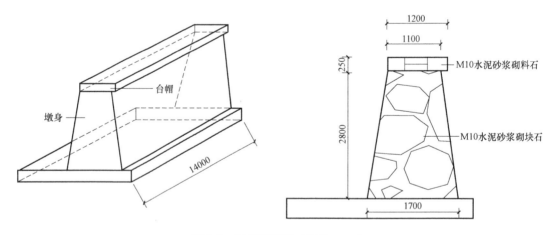

图 4-9　实例工程图（单位：mm）

【解】

（1）浆砌块石台帽

$1.2 \times 0.25 \times 14 \times 2$

$= 8.4 \ (\text{m}^3)$

（2）浆砌料石台身

$(1.7 + 1.1) \div 2 \times 2.8 \times 14 \times 2$

$= 109.76 \ (\mathrm{m}^3)$

### 实例10：某桥墩盖梁混凝土工程量计算

某桥墩盖梁如图4-10所示，现场浇筑混凝土施工，求该盖梁混凝土工程量。

【解】

桥墩盖梁混凝土工程量：

$$V = \left[ (1.5 + 1.5) \times (25 + 0.6 \times 2) - 1.5 \times 2 + 0.6 \times 0.2 \times 2 \right] \times 2$$
$$= (3 \times 26.2 - 3 + 0.24) \times 2$$
$$= 151.68 \ (\mathrm{m}^3)$$

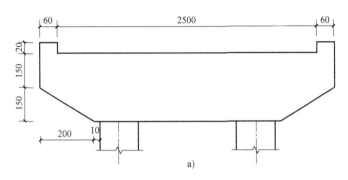
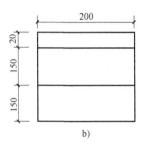

图4-10 桥墩盖梁示意图（单位：cm）

a）正立面图 b）侧立面图

### 实例11：某桥涵工程干砌块石锥形护坡工程量计算

某桥梁工程采用干砌块石锥形护坡，如图4-11所示，厚50cm，试计算干砌块石工程量。

【解】

$h = 7.00 - 0.60 = 6.40\mathrm{m}$

$r = 6.40 \times 1.5 = 9.60\mathrm{m}$

$l = \sqrt{9.60^2 + 6.40^2} = \sqrt{92.16 + 40.96} = 11.54 \ (\mathrm{m})$

锥形护坡干砌块石的工程量 $= 2 \times \dfrac{1}{2} \times \pi r l \times 0.5$

$$= 2 \times \frac{1}{2} \times 3.14 \times 9.60 \times 11.54 \times 0.5$$
$$= 173.93 \ (\mathrm{m}^3)$$

### 实例12：某桥梁工程剁斧石饰面的工程量计算

对某城市桥梁进行面层装饰，如图4-12所示，其行车道采用水泥砂浆抹面，人行道为剁斧石饰面，护栏为镶贴面层，计算各种饰料的工程量。

【解】

（1）水泥砂浆抹面

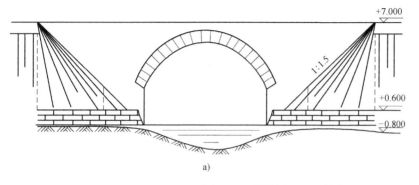
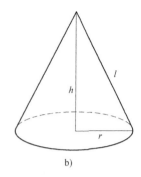

图 4-11 某桥梁工程（单位：m）

a）桥梁 b）锥形护坡计算

$S_1 = 8.9 \times 93$

$\quad = 827.7$ （$m^2$）

（2）剁斧石砌面

$S_2 = 2 \times 1.4 \times 93 + 4 \times 1.4 \times 0.2 + 2 \times 0.2 \times 93$

$\quad = 260.4 + 1.12 + 37.2$

$\quad = 298.72$ （$m^2$）

（3）镶贴面层

$S_3 = 2 \times 2.5 \times 93 + 2 \times 0.15 \times 93 + 4 \times 0.15 \times (2.5 + 0.2)$

$\quad = 465 + 27.9 + 1.62$

$\quad = 494.52$ （$m^2$）

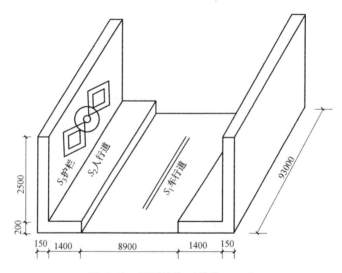

图 4-12 桥梁装饰（单位：mm）

## 实例 13：某桥梁防撞栏杆油漆工程量计算

如图 4-13 所示为某桥梁的防撞栏杆，其中横栏采用直径为 30mm 的钢筋，竖栏直径为 40mm 的钢筋，布设桥梁两边。计算油漆工程量。

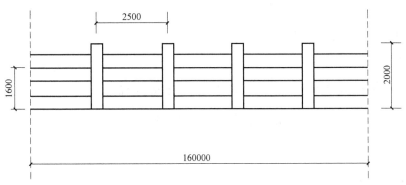

图 4-13 防撞栏杆（单位：mm）

**【解】**

（1）横栏

$$S_横 = 160 \times 4 \times 3.14 \times 0.03$$
$$= 60.288 (\text{m}^2)$$

（2）竖栏

$$S_竖 = \left(\frac{160}{2.5} + 1\right) \times 2 \times 3.14 \times 0.04$$
$$= 16.328 \ (\text{m}^2)$$

**【注释】** $\left(\dfrac{160}{2.5} + 1\right)$ 为竖栏杆个数。

$$S = (S_横 + S_竖) \times 2$$
$$= (60.288 + 16.328) \times 2$$
$$= 153.23 \ (\text{m}^2)$$

**【注释】** 栏杆必须是两侧的，所以乘以 2。

## 实例 14：某城市桥梁具有双菱形花纹栏杆工程量计算

某城市桥梁具有双菱形花纹的栏杆图式，如图 4-14 所示，计算其工程量。

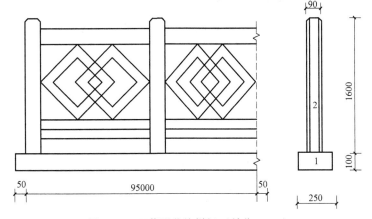

图 4-14 双菱形花纹栏杆（单位：mm）

【解】

双棱形花纹栏杆的清单工程量:

$l = 95$ (m)

### 实例 15:某桥梁上钢筋混凝土泄水管工程量计算

某桥梁上的泄水管采用钢筋混凝土泄水管,其构造如图 4-15 所示,计算桥面泄水管工程量。

【解】

桥面泄水管的工程量 $= 0.42 + 0.03 + 0.08$

$\qquad = 0.53$ (m)

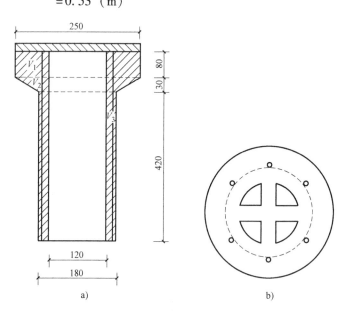

图 4-15　泄水管构造(单位:mm)

a)立面图　b)平面图

### 实例 16:某桥梁灯柱涂料工程量计算

为了更加美观,某桥梁灯柱采用涂料涂饰,现已知等柱的截面直径为 0.4m,灯柱高 6m,桥两侧共有这样的灯柱 50 个,试计算该桥梁灯柱涂料工程量。

【解】

涂料工程量:

$S = \pi \times 0.4 \times 6 \times 50$

$\quad = 376.80$ (m²)

### 实例 17:某桥涵工程工程量清单编制

某梁桥重力式桥墩各部尺寸如图 4-16 所示,采用 C20 混凝土浇筑,石料最大粒径 20mm,计算墩帽、墩身及基础的工程量。

**【解】**

（1）混凝土墩（台）帽

$V_1 = 1.4 \times 1.4 \times 0.2 = 0.39 (m^3)$

（2）混凝土墩（台）身

$V_2 = \frac{1}{3} \times 3.14 \times (15 - 0.2 - 0.5 \times 2) \times (0.6^2 + 1.05^2 + 0.6 \times 1.05)$

$\quad = 14.444 \times (0.36 + 1.1025 + 0.63)$

$\quad = 30.22 \ (m^3)$

**【注释】** $(1400 - 100 \times 2) \div 2 = 600 (mm) = 0.6 (m)$

$\qquad\qquad 2100 \div 2 = 1050 (mm) = 1.05 (m)$

（3）混凝土基础

$V_3 = (2.3 \times 2.3 + 2.5 \times 2.5) \times 0.5$

$\quad = (5.29 + 6.25) \times 0.5$

$\quad = 5.77 \ (m^3)$

清单工程量计算表见表4-10。

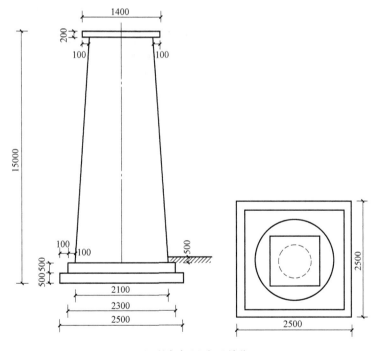

图 4-16 桥墩各部尺寸（单位：mm）

**表4-10 清单工程量计算表**

| 序号 | 项目编码 | 项目名称 | 项目特征描述 | 计量单位 | 工程量 |
|---|---|---|---|---|---|
| 1 | 040303004001 | 混凝土墩（台）帽 | 墩帽,C20混凝土,石料最大粒径20mm | m³ | 0.39 |
| 2 | 040303005001 | 混凝土墩（台）身 | 墩身,C20混凝土,石料最大粒径20mm | m³ | 30.22 |
| 3 | 040303002001 | 混凝土基础 | C20混凝土,石料最大粒径20mm | m³ | 5.77 |

## 实例18：某涵洞工程工程量清单编制

某涵洞总长为24m，采用箱涵形式，其箱涵底板表面为水泥混凝土板，厚度为30cm，C20混凝土箱涵侧墙厚40cm，C20混凝土顶板厚35cm。箱涵洞如图4-17所示。试计算该涵洞工程的工程量。

**【解】**

（1）箱涵底板：

$V_1 = 7.5 \times 24 \times 0.30 = 54$（$m^3$）

（2）箱涵侧墙：

$$V_2 = 2 \times (24 \times 6 \times 0.4)$$
$$= 2 \times 57.6$$
$$= 115.2 \ (m^3)$$

（3）箱涵顶板：

$$V_3 = (7.5 + 0.55 \times 2) \times 0.35 \times 24$$
$$= 8.6 \times 0.35 \times 24$$
$$= 72.24 \ (m^3)$$

清单工程量计算表见表4-11。

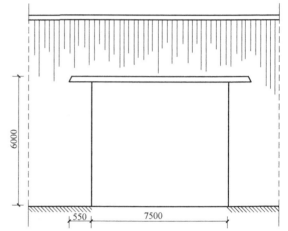

图4-17 箱涵洞（单位：mm）

**表4-11 清单工程量计算表**

| 序号 | 项目编码 | 项目名称 | 项目特征描述 | 计量单位 | 工程量 |
|---|---|---|---|---|---|
| 1 | 040306003001 | 箱涵底板 | 箱涵底板表面为水泥混凝土板,厚度为30cm | $m^3$ | 54 |
| 2 | 040306004001 | 箱涵侧墙 | 侧墙厚40cm,C20混凝土 | $m^3$ | 115.2 |
| 3 | 040306005001 | 箱涵顶板 | 顶板厚35cm,C20混凝土 | $m^3$ | 72.24 |

# 第5章 隧道工程清单工程量计算及实例

## 5.1 隧道工程清单工程量计算规则

### 1. 隧道岩石开挖

隧道岩石开挖工程量清单项目设置、项目特征描述的内容、计量单位及工程量计算规则，应按表 5-1 的规定执行。

表 5-1 隧道岩石开挖（编码：040401）

| 项目编码 | 项目名称 | 项目特征 | 计量单位 | 工程量计算规则 | 工程内容 |
|---|---|---|---|---|---|
| 040401001 | 平洞开挖 | 1. 岩石类别<br>2. 开挖断面<br>3. 爆破要求<br>4. 弃碴运距 | m³ | 按设计图示结构断面尺寸乘以长度以体积计算 | 1. 爆破或机械开挖<br>2. 施工面排水<br>3. 出碴<br>4. 弃碴场内堆放、运输<br>5. 弃碴外运 |
| 040401002 | 斜井开挖 | | | | |
| 040401003 | 竖井开挖 | | | | |
| 040401004 | 地沟开挖 | 1. 断面尺寸<br>2. 岩石类别<br>3. 爆破要求<br>4. 弃碴运距 | | | |
| 040401005 | 小导管 | 1. 类型<br>2. 材料品种<br>3. 管径、长度 | m | 按设计图示尺寸以长度计算 | 1. 制作<br>2. 布眼<br>3. 钻孔<br>4. 安装 |
| 040401006 | 管棚 | | | | |
| 040401007 | 注浆 | 1. 浆液种类<br>2. 配合比 | m³ | 按设计注浆量以体积计算 | 1. 浆液制作<br>2. 钻孔注浆<br>3. 堵孔 |

注：弃碴运距可以不描述，但应注明由投标人根据施工现场实际情况自行考虑决定报价。

### 2. 岩石隧道衬砌

岩石隧道衬砌工程量清单项目设置、项目特征描述的内容、计量单位及工程量计算规则，应按表 5-2 的规定执行。

表 5-2 岩石隧道衬砌（编码：040402）

| 项目编码 | 项目名称 | 项目特征 | 计量单位 | 工程量计算规则 | 工程内容 |
|---|---|---|---|---|---|
| 040402001 | 混凝土仰拱衬砌 | 1. 拱跨径<br>2. 部位<br>3. 厚度<br>4. 混凝土强度等级 | m³ | 按设计图示尺寸以体积计算 | 1. 模板制作、安装、拆除<br>2. 混凝土拌和、运输、浇筑<br>3. 养护 |
| 040402002 | 混凝土顶拱衬砌 | | | | |
| 040402003 | 混凝土边墙衬砌 | 1. 部位<br>2. 厚度<br>3. 混凝土强度等级 | m³ | 按设计图示尺寸以体积计算 | 1. 模板制作、安装、拆除 |

（续）

| 项目编码 | 项目名称 | 项目特征 | 计量单位 | 工程量计算规则 | 工程内容 |
|---|---|---|---|---|---|
| 040402004 | 混凝土竖井衬砌 | 1. 厚度<br>2. 混凝土强度等级 | m³ | 按设计图示尺寸以体积计算 | 2. 混凝土拌和、运输、浇筑<br>3. 养护 |
| 040402005 | 混凝土沟道 | 1. 断面尺寸<br>2. 混凝土强度等级 | | | |
| 040402006 | 拱部喷射混凝土 | 1. 结构形式<br>2. 厚度<br>3. 混凝土强度等级<br>4. 掺加材料品种、用量 | m² | 按设计图示尺寸以面积计算 | 1. 清洗基层<br>2. 混凝土拌和、运输、浇筑、喷射<br>3. 收回弹料<br>4. 喷射施工平台搭设、拆除 |
| 040402007 | 边墙喷射混凝土 | | | | |
| 040402008 | 拱圈砌筑 | 1. 断面尺寸<br>2. 材料品种、规格<br>3. 砂浆强度等级 | m³ | 按设计图示尺寸以体积计算 | 1. 砌筑<br>2. 勾缝<br>3. 抹灰 |
| 040402009 | 边墙砌筑 | 1. 厚度<br>2. 材料品种、规格<br>3. 砂浆强度等级 | | | |
| 040402010 | 砌筑沟道 | 1. 断面尺寸<br>2. 材料品种、规格<br>3. 砂浆强度等级 | | | |
| 040402011 | 洞门砌筑 | 1. 形状<br>2. 材料品种、规格<br>3. 砂浆强度等级 | | | |
| 040402012 | 锚杆 | 1. 直径<br>2. 长度<br>3. 锚杆类型<br>4. 砂浆强度等级 | t | 按设计图示尺寸以质量计算 | 1. 钻孔<br>2. 锚杆制作、安装<br>3. 压浆 |
| 040402013 | 充填压浆 | 1. 部位<br>2. 浆液成分强度 | m³ | 按设计图示尺寸以体积计算 | 1. 打孔、安装<br>2. 压浆 |
| 040402014 | 仰拱填充 | 1. 填充材料<br>2. 规格<br>3. 强度等级 | | 按设计图示回填尺寸以体积计算 | 1. 配料<br>2. 填充 |
| 040402015 | 透水管 | 1. 材质<br>2. 规格 | m | 按设计图示尺寸以长度计算 | 安装 |
| 040402016 | 沟道盖板 | 1. 材质<br>2. 规格尺寸<br>3. 强度等级 | | | 制作、安装 |

（续）

| 项目编码 | 项目名称 | 项目特征 | 计量单位 | 工程量计算规则 | 工程内容 |
|---|---|---|---|---|---|
| 040402017 | 变形缝 | 1. 类别<br>2. 材料品种、规格<br>3. 工艺要求 | m | 按设计图示尺寸以长度计算 | 制作、安装 |
| 040402018 | 施工缝 | | | | |
| 040402019 | 柔性防水层 | 材料品种、规格 | m² | 按设计图示尺寸以面积计算 | 铺设 |

注：遇本表清单项目未列的砌筑构筑物时，应按"桥涵工程"中相关项目编码列项。

### 3. 盾构掘进

盾构掘进工程量清单项目设置、项目特征描述的内容、计量单位及工程量计算规则，应按表 5-3 的规定执行。

**表 5-3 盾构掘进**（编号：040403）

| 项目编码 | 项目名称 | 项目特征 | 计量单位 | 工程量计算规则 | 工程内容 |
|---|---|---|---|---|---|
| 040403001 | 盾构吊装及吊拆 | 1. 直径<br>2. 规格型号<br>3. 始发方式 | 台·次 | 按设计图示数量计算 | 1. 盾构机安装、拆除<br>2. 车架安装、拆除<br>3. 管线连接、调试、拆除 |
| 040403002 | 盾构掘进 | 1. 直径<br>2. 规格<br>3. 形式<br>4. 掘进施工段类别<br>5. 密封舱材料品种<br>6. 弃土（浆）运距 | m | 按设计图示掘进长度计算 | 1. 掘进<br>2. 管片拼装<br>3. 密封舱添加材料<br>4. 负环管片拆除<br>5. 隧道内管线路铺设、拆除<br>6. 泥浆制作<br>7. 泥浆处理<br>8. 土方、废浆外运 |
| 040403003 | 衬砌壁后压浆 | 1. 浆液品种<br>2. 配合比 | m³ | 按管片外径和盾构壳体外径所形成的充填体积计算 | 1. 制浆<br>2. 送浆<br>3. 压浆<br>4. 封堵<br>5. 清洗<br>6. 运输 |
| 040403004 | 预制钢筋混凝土管片 | 1. 直径<br>2. 厚度<br>3. 宽度<br>4. 混凝土强度等级 | | 按设计图示尺寸以体积计算 | 1. 运输<br>2. 试拼装<br>3. 安装 |
| 040403005 | 管片设置密封条 | 1. 管片直径、宽度、厚度<br>2. 密封条材料<br>3. 密封条规格 | 环 | 按设计图示数量计算 | 密封条安装 |
| 040403006 | 隧道洞口柔性接缝环 | 1. 材料<br>2. 规格<br>3. 部位<br>4. 混凝土强度等级 | m | 按设计图示以隧道管片外径周长计算 | 1. 制作、安装临时防水环板<br>2. 制作、安装、拆除临时止水缝<br>3. 拆除临时钢环板 |

（续）

| 项目编码 | 项目名称 | 项目特征 | 计量单位 | 工程量计算规则 | 工程内容 |
|---|---|---|---|---|---|
| 040403006 | 隧道洞口柔性接缝环 | 1. 材料<br>2. 规格<br>3. 部位<br>4. 混凝土强度等级 | m | 按设计图示以隧道管片外径周长计算 | 4. 拆除洞口环管片<br>5. 安装钢环板<br>6. 柔性接缝环<br>7. 洞口钢筋混凝土环圈 |
| 040403007 | 管片嵌缝 | 1. 直径<br>2. 材料<br>3. 规格 | 环 | 按设计图示数量计算 | 1. 管片嵌缝槽表面处理、配料嵌缝<br>2. 管片手孔封堵 |
| 040403008 | 盾构机调头 | 1. 直径<br>2. 规格型号<br>3. 始发方式 | 台·次 | 按设计图示数量计算 | 1. 钢板、基座铺设<br>2. 盾构拆卸<br>3. 盾构调头、平行移运定位<br>4. 盾构拼装<br>5. 连接管线、调试 |
| 040403009 | 盾构机转场运输 | 1. 直径<br>2. 规格型号<br>3. 始发方式 | | 按设计图示数量计算 | 1. 盾构机安装、拆除<br>2. 车架安装、拆除<br>3. 盾构机、车架转场运输 |
| 0404030010 | 盾构基座 | 1. 材质<br>2. 规格<br>3. 部位 | t | 按设计图示尺寸以质量计算 | 1. 制作<br>2. 安装<br>3. 拆除 |

注：1. 衬砌壁后压浆清单项目在编制工程量清单时，其工程数量可为暂估量，结算时按现场签证数量计算。

　　2. 盾构基座是指常用的钢结构，如果是钢筋混凝土结构，应按"沉管隧道"中相关项目进行列项。

　　3. 钢筋混凝土管片按成品编制，购置费用应计入综合单价中。

### 4. 管节顶升、旁通道

管节顶升、旁通道工程量清单项目设置、项目特征描述的内容、计量单位及工程量计算规则，应按表5-4的规定执行。

表5-4　管节顶升、旁通道（编码：040404）

| 项目编码 | 项目名称 | 项目特征 | 计量单位 | 工程量计算规则 | 工程内容 |
|---|---|---|---|---|---|
| 040404001 | 钢筋混凝土顶升管节 | 1. 材质<br>2. 混凝土强度等级 | m³ | 按设计图示尺寸以体积计算 | 1. 钢模板制作<br>2. 混凝土拌和、运输、浇筑<br>3. 养护<br>4. 管节试拼装<br>5. 管节场内外运输 |
| 040404002 | 垂直顶升设备安装、拆除 | 规格、型号 | 套 | 按设计图示数量计算 | 1. 基座制作和拆除<br>2. 车架、设备吊装就位<br>3. 拆除、堆放 |
| 040404003 | 管节垂直顶升 | 1. 断面<br>2. 强度<br>3. 材质 | m | 按设计图示以顶升长度计算 | 1. 管节吊运<br>2. 首节顶升<br>3. 中间节顶升<br>4. 尾节顶升 |
| 040404004 | 安装止水框、连系梁 | 材质 | t | 按设计图示尺寸以质量计算 | 制作、安装 |

（续）

| 项目编码 | 项目名称 | 项目特征 | 计量单位 | 工程量计算规则 | 工程内容 |
|---|---|---|---|---|---|
| 040404005 | 阴极保护装置 | 1. 型号<br>2. 规格 | 组 | 按设计图示数量计算 | 1. 恒电位仪安装<br>2. 阳极安装<br>3. 阴极安装<br>4. 参变电极安装<br>5. 电缆敷设<br>6. 接线盒安装 |
| 040404006 | 安装取、排水头 | 1. 部位<br>2. 尺寸 | 个 | | 1. 顶升口揭顶盖<br>2. 取、排水头部安装 |
| 040404007 | 隧道内旁通道开挖 | 1. 土壤类别<br>2. 土体加固方式 | m³ | 按设计图示尺寸以体积计算 | 1. 土体加固<br>2. 支护<br>3. 土方暗挖<br>4. 土方运输 |
| 040404008 | 旁通道结构混凝土 | 1. 断面<br>2. 混凝土强度等级 | | | 1. 模板制作、安装<br>2. 混凝土拌和、运输、浇筑<br>3. 洞门接口防水 |
| 040404009 | 隧道内集水井 | 1. 部位<br>2. 材料<br>3. 形式 | 座 | 按设计图示数量计算 | 1. 拆除管片建集水井<br>2. 不拆管片建集水井 |
| 040404010 | 防爆门 | 1. 形式<br>2. 断面 | 扇 | | 1. 防爆门制作<br>2. 防爆门安装 |
| 040404011 | 钢筋混凝土复合管片 | 1. 图集、图样名称<br>2. 构件代号、名称<br>3. 材质<br>4. 混凝土强度等级 | m³ | 按设计图示尺寸以体积计算 | 1. 构件制作<br>2. 试拼装<br>3. 运输、安装 |
| 040404012 | 钢管片 | 1. 材质<br>2. 探伤要求 | t | 按设计图示以质量计算 | 1. 钢管片制作<br>2. 试拼装<br>3. 探伤<br>4. 运输、安装 |

**5. 隧道沉井**

隧道沉井工程量清单项目设置、项目特征描述的内容、计量单位及工程量计算规则，应按表5-5的规定执行。

**表5-5 隧道沉井（编码：040405）**

| 项目编码 | 项目名称 | 项目特征 | 计量单位 | 工程量计算规则 | 工程内容 |
|---|---|---|---|---|---|
| 040405001 | 沉井井壁混凝土 | 1. 形状<br>2. 规格<br>3. 混凝土强度等级 | m³ | 按设计尺寸以外围井筒混凝土体积计算 | 1. 模板制作、安装、拆除<br>2. 刃脚、框架、井壁混凝土浇筑<br>3. 养护 |
| 040405002 | 沉井下沉 | 1. 下沉深度<br>2. 弃土运距 | | 按设计图示井壁外围面积乘以下沉深度以体积计算 | 1. 垫层凿除<br>2. 排水挖土下沉<br>3. 不排水下沉<br>4. 触变泥浆制作、输送<br>5. 弃土外运 |

（续）

| 项目编码 | 项目名称 | 项目特征 | 计量单位 | 工程量计算规则 | 工程内容 |
|---|---|---|---|---|---|
| 040405003 | 沉井混凝土封底 | 混凝土强度等级 | m³ | 按设计图示尺寸以体积计算 | 1. 混凝土干封底<br>2. 混凝土水下封底 |
| 040405004 | 沉井混凝土底板 | 混凝土强度等级 | | | 1. 模板制作、安装、拆除<br>2. 混凝土拌和、运输、浇筑<br>3. 养护 |
| 040405005 | 沉井填心 | 材料品种 | | | 1. 排水沉井填心<br>2. 不排水沉井填心 |
| 040405006 | 沉井混凝土隔墙 | 混凝土强度等级 | | | 1. 模板制作、安装、拆除<br>2. 混凝土拌和、运输、浇筑<br>3. 养护 |
| 040405007 | 钢封门 | 1. 材质<br>2. 尺寸 | t | 按设计图示尺寸以质量计算 | 1. 钢封门安装<br>2. 钢封门拆除 |

注：沉井垫层按"桥涵工程"中相关项目编码列项。

### 6. 混凝土结构

混凝土结构工程量清单项目设置、项目特征描述的内容、计量单位及工程量计算规则，应按表5-6的规定执行。

**表5-6　混凝土结构（编码：040406）**

| 项目编码 | 项目名称 | 项目特征 | 计量单位 | 工程量计算规则 | 工程内容 |
|---|---|---|---|---|---|
| 040406001 | 混凝土地梁 | 1. 类别、部位<br>2. 混凝土强度等级 | m³ | 按设计图示尺寸以体积计算 | 1. 模板制作、安装、拆除<br>2. 混凝土拌和、运输、浇筑<br>3. 养护 |
| 040406002 | 混凝土底板 | | | | |
| 040406003 | 混凝土柱 | | | | |
| 040406004 | 混凝土墙 | | | | |
| 040406005 | 混凝土梁 | | | | |
| 040406006 | 混凝土平台、顶板 | 1. 类别、部位<br>2. 混凝土强度等级 | m³ | 按设计图示尺寸以体积计算 | 1. 模板制作、安装、拆除<br>2. 混凝土拌和、运输、浇筑<br>3. 养护 |
| 040406007 | 圆隧道内架空路面 | 1. 厚度<br>2. 混凝土强度等级 | | | |
| 040406008 | 隧道内其他结构混凝土 | 1. 部位、名称<br>2. 混凝土强度等级 | | | |

注：1. 隧道洞内道路路面铺装应按"道路工程"相关清单项目编码列项。
　　2. 隧道洞内顶部和边墙内衬的装饰按"桥涵工程"相关清单项目编码列项。
　　3. 隧道内其他结构混凝土包括楼梯、电缆沟、车道侧石等。
　　4. 垫层、基础应按"桥涵工程"相关清单项目编码列项。
　　5. 隧道内衬弓形底板、侧墙、支承墙按"混凝土结构"中的"混凝土底板"、"混凝土墙"的相关清单项目编码列项，并在项目特征中描述其类别、部位。

### 7. 沉管隧道

沉管隧道工程量清单项目设置、项目特征描述的内容、计量单位及工程量计算规则，应按表5-7的规定执行。

表 5-7 沉管隧道（编码：040407）

| 项目编码 | 项目名称 | 项目特征 | 计量单位 | 工程量计算规则 | 工程内容 |
|---|---|---|---|---|---|
| 040407001 | 预制沉管底垫层 | 1. 材料品种、规格<br>2. 厚度 | m³ | 按设计图示沉管底面积乘以厚度以体积计算 | 1. 场地平整<br>2. 垫层铺设 |
| 040407002 | 预制沉管钢底板 | 1. 材质<br>2. 厚度 | t | 按设计图示尺寸以质量计算 | 钢底板制作、铺设 |
| 040407003 | 预制沉管混凝土板底 | 混凝土强度等级 | m³ | 按设计图示尺寸以体积计算 | 1. 模板制作、安装、拆除<br>2. 混凝土拌和、运输、浇筑<br>3. 养护<br>4. 底板预埋注浆管 |
| 040407004 | 预制沉管混凝土侧墙 | | | | 1. 模板制作、安装、拆除<br>2. 混凝土拌和、运输、浇筑<br>3. 养护 |
| 040407005 | 预制沉管混凝土顶板 | | | | |
| 040407006 | 沉管外壁防锚层 | 1. 材质品种<br>2. 规格 | m² | 按设计图示尺寸以面积计算 | 铺设沉管外壁防锚层 |
| 040407007 | 鼻托垂直剪力键 | 材质 | t | 按设计图示尺寸以质量计算 | 1. 钢剪力键制作<br>2. 剪力键安装 |
| 040407008 | 端头钢壳 | 1. 材质、规格<br>2. 强度 | | | 1. 端头钢壳制作<br>2. 端头钢壳安装<br>3. 混凝土浇筑 |
| 040407009 | 端头钢封门 | 1. 材质<br>2. 尺寸 | | | 1. 端头钢封门制作<br>2. 端头钢封门安装<br>3. 端头钢封门拆除 |
| 040407010 | 沉管管段浮运临时供电系统 | 规格 | 套 | 按设计图示管段数量计算 | 1. 发电机安装、拆除<br>2. 配电箱安装、拆除<br>3. 电缆安装、拆除<br>4. 灯具安装、拆除 |
| 040407011 | 沉管管段浮运临时供排水系统 | | | | 1. 泵阀安装、拆除<br>2. 管路安装、拆除 |
| 040407012 | 沉管管段浮运临时通风系统 | | | | 1. 进排风机安装、拆除<br>2. 风管路安装、拆除 |
| 040407013 | 航道疏浚 | 1. 河床土质<br>2. 工况等级<br>3. 疏浚深度 | m³ | 按河床原断面与管段浮运时设计断面之差以体积计算 | 1. 挖泥船开收工<br>2. 航道疏浚挖泥<br>3. 土方驳运、卸泥 |
| 040407014 | 沉管河床基槽开挖 | 1. 河床土质<br>2. 工况等级<br>3. 挖土深度 | | 按河床原断面与槽设计断面之差以体积计算 | 1. 挖泥船开收工<br>2. 沉管基槽挖泥<br>3. 沉管基槽清淤<br>4. 土方驳运、卸泥 |

(续)

| 项目编码 | 项目名称 | 项目特征 | 计量单位 | 工程量计算规则 | 工程内容 |
|---|---|---|---|---|---|
| 040407015 | 钢筋混凝土块沉石 | 1. 工况等级<br>2. 沉石深度 | m³ | 按设计图示尺寸以体积计算 | 1. 预制钢筋混凝土块<br>2. 装船、驳运、定位沉石<br>3. 水下铺平石块 |
| 040407016 | 基槽抛铺碎石 | 1. 工况等级<br>2. 石料厚度<br>3. 沉石深度 | | | 1. 石料装运<br>2. 定位抛石、水下铺平石块 |
| 040407017 | 沉管管节浮运 | 1. 单节管段质量<br>2. 管段浮运距离 | kt·m | 按设计图示尺寸和要求以沉管管节质量和浮运距离的复合单位计算 | 1. 干坞放水、<br>2. 管段起浮定位<br>3. 管段浮运<br>4. 加载水箱制作、安装、拆除<br>5. 系缆柱制作、安装、拆除 |
| 040407018 | 管段沉放连接 | 1. 单节管段重量<br>2. 管段下沉深度 | 节 | 按设计图示数量计算 | 1. 管段定位<br>2. 管段压水下沉<br>3. 管段端面对接<br>4. 管节拉合 |
| 040407019 | 砂肋软体排覆盖 | | m² | 按设计图示尺寸以沉管顶面积加侧面外表面积计算 | 水下覆盖软体排 |
| 040407020 | 沉管水下压石 | 1. 材料品种<br>2. 规格 | m³ | 按设计图示尺寸以顶、侧压石的体积计算 | 1. 装石船开收工<br>2. 定位抛石、卸石<br>3. 水下铺石 |
| 040407021 | 沉管接缝处理 | 1. 接缝连接形式<br>2. 接缝长度 | 条 | 按设计图示数量计算 | 1. 按缝拉合<br>2. 安装止水带<br>3. 安装止水钢板<br>4. 混凝土拌和、运输、浇筑 |
| 040407022 | 沉管底部压浆固封充填 | 1. 压浆材料<br>2. 压浆要求 | m³ | 按设计图示尺寸以体积计算 | 1. 制浆<br>2. 管底压浆<br>3. 封孔 |

## 5.2 隧道工程工程量清单编制实例

### 实例1：某隧道工程竖井开挖的工程量计算

某竖井长度为180m，已知隧道全长35m，开挖按照设计施工图采用平洞开挖，一般爆破，开挖后废渣采用轻轨斗车运至洞口100m处。隧道开挖后用强度为C25的混凝土砂浆砌筑隧道拱圈和边墙30cm，对隧道砌筑的同时，在竖井内壁安装钢模板，清理竖井内壁，然后用强度为C20混凝土对竖井进行衬砌20cm，由于隧道施工需要，需在距洞口3m处，每隔8m安装一个集水井，竖井内部布置如图5-1所示，试根据尺寸图，试求工程量。

【解】

（1）竖井开挖工程量

$$\frac{1}{2} \times 3.14 \times 3.5^2 \times 180 = 3461.85 \ (m^2)$$

**【注释】**　$3300 + 200 = 3500 \ (mm) = 3.5 \ (m)$

（2）混凝土竖井衬砌工程量

$$\left(\frac{1}{2} \times 3.14 \times 3.5^2 - \frac{1}{2} \times 3.14 \times 3.3^2\right) \times 180$$

$$= (19.2325 - 17.0973) \times 180$$

$$= 384.336 \ (m^2)$$

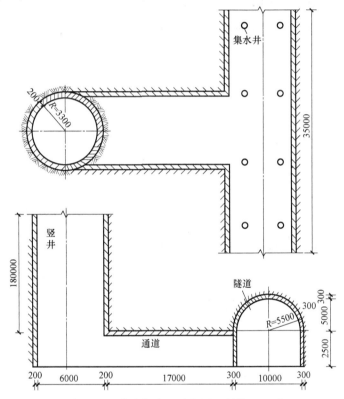

图 5-1　竖井内部布置示意图（单位：mm）

（3）拱圈砌筑工程量

$$\left(\frac{1}{2} \times 3.14 \times 5.8^2 - \frac{1}{2} \times 3.14 \times 5.5^2\right) \times 35$$

$$= (52.8148 - 47.4925) \times 35$$

$$= 186.28 \ (m^2)$$

**【注释】**　$5500 + 300 = 5800 (mm) = 5.8 (m)$

（4）边墙砌筑工程量

$0.3 \times 2.5 \times 35 \times 2 = 52.5 \ (m^3)$

（5）隧道内通道开挖工程量

$(3.3 \times 2 + 0.2 \times 2) \times 2.5 \times 17$

$= 7.0 \times 2.5 \times 17$

$= 297.5$ （$m^3$）

（6）隧道内集水井工程量

$\left( \dfrac{32}{8} + 1 \right) \times 2 = 10$（个）

【注释】　$35 - 3 = 32$ （m）

### 实例2：某隧道地沟开挖工程量计算

某隧道地沟，长380m，其断面如图5-2所示，土质为三类土，采用光面爆破，请根据图中给出的已知条件，计算地沟开挖工程量（$k = 0.33$）。

【解】

地沟开挖工程量：

$V = (2.2 + 2.2 + 2 \times 3.5 \times 0.33) \times \dfrac{1}{2} \times 3.5 \times 380$

$\quad = 6.71 \times \dfrac{1}{2} \times 3.5 \times 380$

$\quad = 4462.15$ （$m^3$）

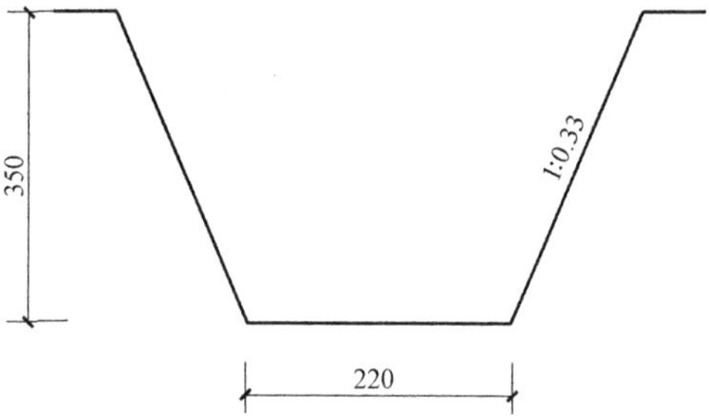

图5-2　地沟断面示意图（单位：cm）

### 实例3：某隧道工程洞门砌筑工程量计算

某隧道工程长为1450m，洞门如图5-3所示，端墙采用M10号水泥砂浆砌片石，翼墙采用M7.5号水泥砂浆砌片石，外露面用片石镶面并勾平缝，衬砌水泥砂浆砌片石厚8cm，求洞门砌筑工程量。

【解】

（1）端墙清单工程量

$V_{端墙} = 8.9 \times [(0.6 + 3 + 7 + 0.3) \times 2 + 12 + (7 + 0.3 + 12 + 0.3 + 7)] \times 0.3 \times 0.08$

$\qquad = 8.9 \times 60.4 \times 0.3 \times 0.08$

$\qquad = 12.90$ （$m^3$）

【注释】　$8 + 0.9 = 8.9$ （m）

（2）翼墙清单工程量

$V_{翼墙} = [(15 + 5 + 0.3) \div 2 \times (12.6 + 26.6) - 15 \times 12.6 - 6.3^2 \times 3.14 \div 2] \times 0.08$

$\qquad = (20.3 \div 2 \times 39.2 - 189 - 62.3133) \times 0.08$

$\qquad = (397.88 - 189 - 62.3133) \times 0.08$

$\qquad = 11.73$ （$m^3$）

【注释】　$12 + 0.3 \times 2 = 12.6$ （m）

$\qquad\qquad 12 + 0.3 \times 2 + 7 \times 2 = 26.6$ （m）

（3）洞门砌筑清单工程量

$$V = V_{端墙} + V_{翼墙}$$
$$= 12.90 + 11.73$$
$$= 24.63 \ (m^3)$$

## 实例4：某隧道工程隧道开挖和砌筑的清单工程量计算

某隧道工程施工，全长为长260m，岩层为次坚石，无地下水，采用平洞开挖，光面爆破，并进行拱圈砌筑和边墙砌筑，砌筑材料为粗石料砂浆，如图5-4所示，试计算该段隧道开挖和砌筑的清单工程量。

【解】

（1）平洞开挖

$$\left[\frac{1}{2} \times 3.14 \times (4.5 + 0.5)^2 + 3.5 \times (14 + 0.5 \times 2)\right] \times 260$$

$$= (39.25 + 52.5) \times 260$$

$$= 23855 \ (m^3)$$

（2）拱圈砌筑

$$\left(\frac{1}{2} \times 3.14 \times 5.0^2 - \frac{1}{2} \times 3.14 \times 4.5^2\right) \times 260$$

$$= (39.25 - 31.79) \times 260$$

$$= 1939.6 \ (m^3)$$

（3）边墙砌筑

$$3.5 \times 0.5 \times 260 \times 2 = 910 \ (m^3)$$

## 实例5：某段隧道工程混凝土衬砌工程量计算

某隧道工程其断面如图5-5所示，根据当地地质勘测知，施工段无地下水，岩石类别为特坚石，隧道全长1600m，且均采取光面爆破，要求挖出的石渣运至洞口外700m处，现拟浇筑钢筋混凝土C50衬砌以加强隧道拱部和边墙受压力，已知混凝土为粒式细石料厚度20cm，求混凝土衬砌工程量。

【解】

（1）混凝土顶拱衬砌

$$V_{顶拱} = \frac{1}{2} \times 3.14 \times (8.5^2 - 8^2) \times 1600$$

$$= \frac{1}{2} \times 3.14 \times (72.25 - 64) \times 1600$$

$$= 20724 \ (m^3)$$

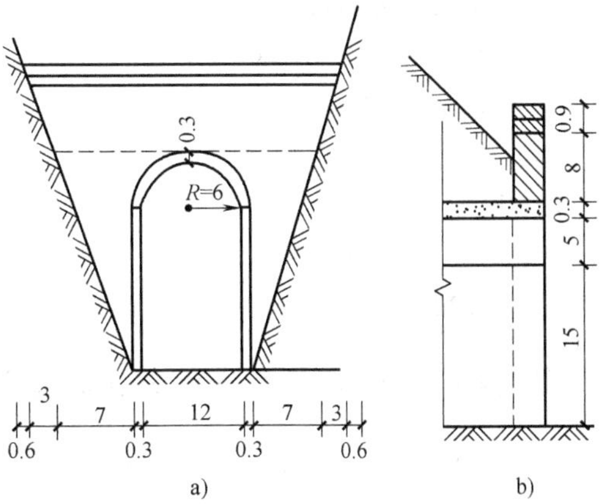

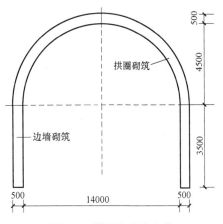

图5-3　端墙式洞门示意图（单位：m）

a）立面图　b）局部剖面图

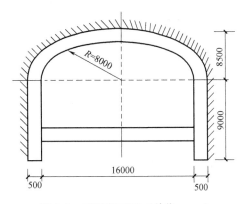

图5-4　拱圈和边墙砌筑
示意图（单位：mm）

图5-5　隧道断面图（单位：mm）

（2）混凝土边墙衬砌

$V_{边墙} = 2 \times 0.5 \times 9 \times 1600$

$= 14400$（$m^3$）

（3）混凝土衬砌工程量

$V = V_{顶拱} + V_{边墙}$

$= 20724 + 14400$

$= 35124$（$m^3$）

## 实例6：某市隧道工程沉井工程量计算

某市隧道工程，采用C25混凝土，石粒最大粒径15mm，沉井如图5-6所示，沉井下沉深度为16m，沉井封底及底板混凝土强度为C20，石料最大粒径为10mm，沉井填心采用碎石（20mm）及块石（200mm）。不排水下沉，求其工程量。

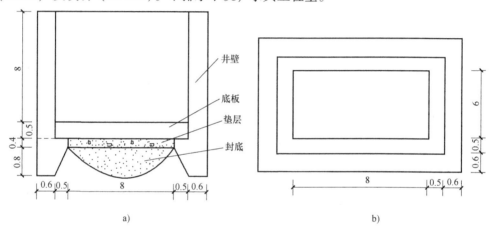

图5-6 沉井示意图（单位：m）

a）沉井立面图 b）沉井平面图

【解】

（1）沉井井壁混凝土

$V_1 = 8.5 \times (6 + 0.5 \times 2 + 0.6 \times 2) \times (8 + 0.6 \times 2 + 0.5 \times 2) + 0.4 \times 1.1 \times 2 \times (1.0 + 8 + 0.6 \times 2 + 6) - (6 + 0.5 \times 2) \times (8 + 0.5 \times 2) \times 8.5$

$= 8.5 \times 8.2 \times 10.2 + 0.88 \times 16.2 - 7 \times 9 \times 8.5$

$= 710.94 + 14.256 - 535.5$

$= 189.696$（$m^3$）

（2）沉井下沉

$V_2 = (9 + 10.2) \times 2 \times (8 + 0.5 + 0.4 + 1.1) \times 16$

$= 19.2 \times 2 \times 10 \times 16$

$= 6144$（$m^3$）

（3）沉井混凝土封底

$V_3 = 1.1 \times 8 \times 6 = 52.8$（$m^3$）

（4）沉井混凝土底板

$$V_4 = 0.5 \times 9.0 \times (6 + 0.5 \times 2)$$
$$= 4.5 \times 7$$
$$= 31.5 \ (m^3)$$

（5）沉井填心

$$V_5 = 5 \times (8 + 0.5 \times 2) \times (6 + 0.5 \times 2)$$
$$= 5 \times 9 \times 7$$
$$= 315 \ (m^3)$$

### 实例7：某市政隧道工程各分项工程工程量计算

某城市交通隧道全长 280m，洞门属于端墙式洞门类型，该段隧道是明洞类型，其结构如图 5-7 所示，洞门砌筑 1m，已知该隧道用 C20 混凝土喷射拱部和边墙 13cm。为了保护隧道围岩的支撑作用，本隧道采用锚杆加固围岩，锚杆直径为 22mm，长 3m，密度为 2.98kg/m，隧道内铺设人行道、中心排水沟等附属结构，本隧道在喷混凝土衬砌内表面上铺设聚乙烯作防水层，防水层厚度 10mm，试求隧道各分项工程量。

【解】

（1）拱部喷射混凝土清单工程量

根据题意知喷射混凝土厚度为 0.13m。

$3.14 \times 4.5 \times 280 = 3956.4 \ (m^2)$

（2）边墙喷射混凝土清单工程量

$2.45 \times 280 \times 2 = 1372 \ (m^2)$

【注释】 $2250 + 50 + 150 = 2450 \ (mm) = 2.45 \ (m)$

（3）锚杆清单工程量

$2.98 \times 10^{-3} \times 3 \times 9 = 0.08 \ (t)$

（4）柔性防水层清单工程量

$3.14 \times 4.63 \times 280 + 2.45 \times 280 \times 2$
$= 4070.696 + 1372$
$= 5442.70 \ (m^2)$

【注释】 $4500 + 130 = 4630 \ (mm) = 4.63 \ (m)$

（5）隧道内附属结构混凝土清单工程量

1）人行道侧石清单工程量：

$0.1 \times 0.05 \times 280 \times 2 = 2.8 \ (m^3)$

2）中心排水沟清单工程量：

$0.5 \times 0.8 \times 280 = 112 \ (m^3)$

（6）洞门砌筑清单工程量

$$\left[ \frac{1}{2} \times (9.28 + 18) \times 10 - \frac{1}{2} \times 3.14 \times 4.64^2 - 2.45 \times 9.28 \right] \times 1$$
$$= 136.4 - 33.80 - 22.74$$
$$= 79.86 \ (m^2)$$

【注释】 $6000 + 100 \times 2 + 1400 \times 2 + 130 \times 2 + 10 \times 2 = 9280$ （mm）$= 9.28$ （m）

$9280 + 4360 \times 2 = 18000$ （mm）$= 18$ （m）

$4500 + 130 + 10 = 4640$ （mm）$= 4.64$ （m）

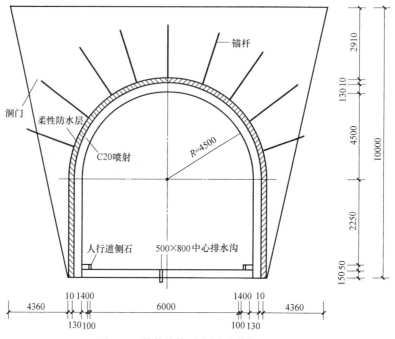

图 5-7 隧道结构示意图（单位：mm）

### 实例 8：某市政隧道工程施工段设置隧道弓形底板其工程量计算

某市政隧道工程，在 K0 + 100 ~ K0 + 250 施工段设置隧道弓形底板，如图 5-8 所示，混凝土强度等级为 C30，石料最大粒径为 20mm，求其工程量。

【解】

隧道内衬弓形底板工程量：

$V = 15 \times 0.18 \times 150$

$= 405$ （m³）

【注释】 $250 - 100 = 150$ （m）

### 实例 9：某垂直岩石的锚杆工程量计算

某垂直岩石工程施工需要锚杆支护，采用楔缝式锚杆，局部支护，钢筋直径为 20mm，锚杆尺寸如图 5-9 所示，球钢筋用量（采用 Q235 钢筋）为 2.47kg/m。试计算锚杆工程量。

【解】

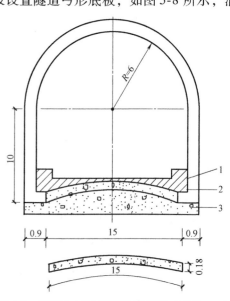

图 5-8 隧道内衬弓形底板示意图（单位：m）
1—面层；2—弓形底板；3—垫层

锚杆清单工程量:

$m = 2.47 \times 3.4$

　　$= 8.40$ (kg)

一根锚杆的工程量为 0.008t。

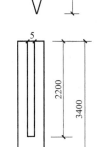

### 实例 10：某隧道工程充填压浆工程量计算

某隧道工程因工程施工在距离隧道中线 9m 处进行洞内工作面钻孔预压浆,把水泥浆液用压浆机具由钻孔压入围岩孔洞,如图 5-10 所示,求充填压浆工作量。

【解】

$$充填压浆工程量 = 3.14 \times \left(\frac{4}{2}\right)^2 \times 45$$
$$= 565.2 \ (m^3)$$

图 5-9　锚杆尺寸图
（单位：mm）

### 实例 11：某隧道工程衬砌壁后压浆的工程量计算

某隧道工程在盾构推进中由盾尾的同号压浆泵进行压浆,如图 5-11 所示,浆液为水泥砂浆,砂浆强度等级为 M7.5,石料最大粒径为 10mm,配合比为水泥:砂子 = 1:3,水胶比为 0.5,试计算衬砌壁后压浆的工程量。

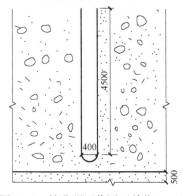

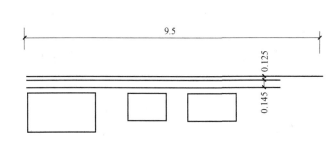

图 5-10　钻孔预压浆图（单位：cm）

图 5-11　盾构尺寸图（单位：m）

【解】

$$衬砌压浆的工程量 = 3.14 \times (0.125 + 0.145)^2 \times 9.5$$
$$= 3.14 \times 0.0729 \times 9.5$$
$$= 2.175 \ (m^3)$$

### 实例 12：某隧道工程管节垂直顶升的工程量计算

某一隧道工程在 K1 +060 ~ K1 +220 施工段,利用管节垂直顶升进行隧道推进,顶力可达 $3 \times 10^3$ kN,管节采用钢筋混凝土制成,管节长度为 5m,管节垂直顶升长度为 75m,求管节垂直顶升工程量。

【解】

首节顶升长度：75m。

### 实例 13：某隧道工程旁通道结构混凝土工程量计算

某市开挖一条隧道，分为两部分，一部分为沿水平方向的隧道，一部分为斜向上的隧道，如图 5-12 所示，其中挖的深度均为 750cm。施工段为三类土，求开挖旁通道工程量。

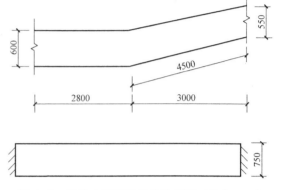

**【解】**

开挖旁通道工程量：

$$V = 7.5 \times (28 \times 6 + 45 \times 5.5)$$
$$= 7.5 \times (168 + 247.5)$$
$$= 3116.25 \ (\text{m}^3)$$

### 实例 14：某沉井利用钢铁制作钢封门工程量计算

图 5-12　隧道内旁通道开挖示意图（单位：cm）

某沉井利用钢铁制作钢封门，其尺寸如图 5-13 所示，安装的钢封门厚 0.4m，试求此钢封门工程量（$\rho_{钢} = 7.78\text{t/m}^3$）。

**【解】**

钢封门清单工程量：

$$\left( \frac{1}{2} \times 3.14 \times 1.9^2 + 4.5 \times 4.5 \right) \times 0.4 \times 7.78$$
$$= (5.6677 + 20.25) \times 0.4 \times 7.78$$
$$= 80.66 \ (\text{t})$$

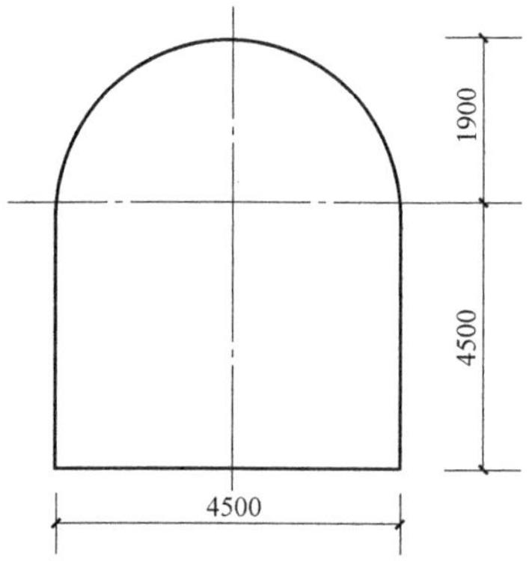

### 实例 15：某水底隧道预制沉管混凝土顶板工程量计算

有一水底隧道长 300m，采用沉管法施工，沉管为双向六车道，顶板及底板都为弧形。沉管板底、侧墙及顶板

图 5-13　钢封门尺寸（单位：mm）

用预制混凝土制作，混凝土强度等级为 C35，石料最大粒径为 15mm，如图 5-14 所示。试计算预制混凝土沉管顶板工程量。

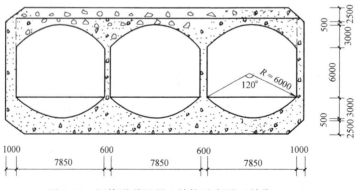

图 5-14　沉管隧道混凝土结构示意图（单位：mm）

【解】

预制混凝土沉管顶板工程量：

$$V = \left[ (7.85 \times 3 + 0.6 \times 2 + 1.0 \times 2) + (7.85 \times 3 + 0.6 \times 2) \right] \times 2.5 \times \frac{1}{2} \times 300 + (7.85 \times 3 + 0.6 \times$$

$$2 + 1.0 \times 2) \times (3.0 + 0.5) \times 300 - \left( \frac{120}{360} \pi \times 6^2 \times 3 - 3 \times \frac{1}{2} \times 2\sin60° \times 6 \times 3.0 \right) \times 300$$

$$= \left[ (26.75 + 24.75) \times 1.25 + 26.75 \times 3.5 - (113.04 - 46.98) \right] \times 300$$

$$= [64.375 + 93.625 - 66.06] \times 300$$

$$= 27582 \ (\text{m}^3)$$

### 实例16：某水底隧道防锚层工程量编制

某水底隧道工程，在沉管外壁设置薄钢板防锚层，如图5-15所示。请根据图中给出的已知条件，计算该防锚层的工程量。

【解】

防锚层工程量：

$$S = 2\pi \times 6 \times 720$$

$$= 27129.6 \ (\text{m}^2)$$

清单工程量计算表见表5-8。

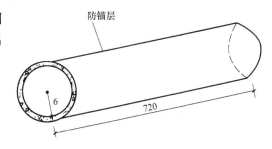

图5-15 沉管外壁防锚层示意图（单位：m）

表5-8 清单工程量计算表

| 项目编码 | 项目名称 | 项目特征描述 | 计量单位 | 工程量 |
|---|---|---|---|---|
| 040407006001 | 沉管外壁防锚层 | 材质品种：薄钢板 | m² | 27129.6 |

### 实例17：某城市隧道工程量清单编制

某城市道路隧道长280m，由地质勘测报告知，该段隧道无地下水，岩石为普坚石，采用光面爆破开挖，在清洗岩石后，用C20混凝土喷射边墙和拱部，喷射混凝土厚度为12cm，浆砌块石拱部和边墙50cm，废土运至距洞口800m处，此隧道喷射混凝土断面如图5-16所示，试计算该隧道工程量。

【解】

（1）隧道清单工程量

$$\left[ \frac{1}{2} \times 3.14 \times (6 + 0.5 + 0.12)^2 + (12 + 0.5 \times 2 + 0.12 \times 2) \times 3.48 \right] \times 280$$

$$= (68.80 + 13.24 \times 3.48) \times 280$$

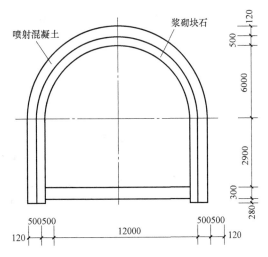

图5-16 某隧道喷射混凝土断面图（单位：mm）

$= 32165.06 \ (\mathrm{m}^3)$

【注释】 $2900 + 300 + 280 = 3480 \ (\mathrm{mm}) = 3.48 \ (\mathrm{m})$

（2）喷射混凝土清单工程量

1）拱部工程量：$\dfrac{1}{2} \times 2 \times 3.14 \times (6 + 0.5) \times 280$

$= 3.14 \times 6.5 \times 280$

$= 5714.8 \ (\mathrm{m}^2)$

2）边墙工程量：$3.48 \times 280 \times 2$

$= 1948.8 \ (\mathrm{m}^2)$

3）浆砌块石工程量：$280 \times \left( \dfrac{1}{2} \times 3.14 \times 6.5^2 - \dfrac{1}{2} \times 3.14 \times 6^2 + 0.5 \times 3.48 \times 2 \right)$

$= 280 \times (66.3325 - 56.52 + 3.48)$

$= 3721.9 \ (\mathrm{m}^3)$

清单工程量计算表见表 5-9。

表 5-9　清单工程量计算表

| 序号 | 项目编码 | 项目名称 | 项目特征描述 | 计量单位 | 工程量 |
|---|---|---|---|---|---|
| 1 | 040401001001 | 平洞开挖 | 普坚石，光面爆破 | m³ | 32165.06 |
| 2 | 040402006001 | 拱部喷射混凝土 | 厚度 12cm，C20 混凝土 | m² | 5714.8 |
| 3 | 040402007001 | 边墙喷射混凝土 | 厚度 12cm，C20 混凝土 | m² | 1948.8 |
| 4 | 040305003001 | 浆砌块料 | 浆砌厚度 50cm | m³ | 3721.2 |

## 实例 18：某山间隧道斜井开挖工程量清单编制

某隧道工程斜井示意图如图 5-17 所示，采用一般爆破，此隧道全长 410m，试计算该隧道斜井开挖的工程量。

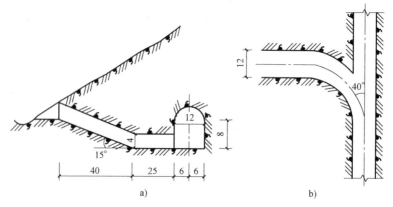

图 5-17　斜井示意图（单位：m）

a）立面图　b）平面图

【解】

（1）正井

正井的工程量 $= \left( \dfrac{1}{2} \times 3.14 \times 6^2 + 8 \times 12 \right) \times 410$

$= (56.52 + 96) \times 410$

$= 62533.2 \; (\mathrm{m}^3)$

（2）井底平道

井底平道的工程量 $= 25 \times 4 \times 12$

$= 1200.00 \; (\mathrm{m}^3)$

（3）井底斜道

井底斜道的工程量 $= 40 \times 4 \times 12$

$= 1920.00 \; (\mathrm{m}^3)$

斜井开挖的工程量 $= 62533.2 + 1200.00 + 1920.00$

$= 65653.2 \; (\mathrm{m}^3)$

清单工程量计算表见表5-10。

表5-10　清单工程量计算表

| 项目编码 | 项目名称 | 项目特征描述 | 计量单位 | 工程量 |
| --- | --- | --- | --- | --- |
| 040401002001 | 斜井开挖 | 爆破要求：一般爆破 | $\mathrm{m}^3$ | 65653.2 |

### 实例19：某隧道预制钢筋混凝土管片清单工程量编制

某隧道在 K1 + 000 ~ K1 + 180 段采用盾构施工，设置预制钢筋混凝土管片，如图5-18所示，外直径为16m，内直径为14m，外弧长为17m，内弧长为15m，宽度为10m，混凝土强度为C40，石料最大粒径为15mm，求预制钢筋混凝土管片工程量。

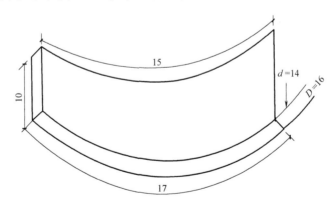

图5-18　预制钢筋混凝土管片示意图（单位：m）

【解】

预制钢筋混凝土管片清单工程量：

$$V = \dfrac{1}{2} \times \left( 17 \times \dfrac{16}{2} - 15 \times \dfrac{14}{2} \right) \times 10$$

$$= \dfrac{1}{2} \times (136 - 105) \times 10$$

$$= 155 \; (\mathrm{m}^3)$$

清单工程量计算表见表5-11。

表5-11　清单工程量计算表

| 项目编码 | 项目名称 | 项目特征描述 | 计量单位 | 工程量 |
|---|---|---|---|---|
| 040403004001 | 预制钢筋混凝土管片 | 1. 直径:外直径为16m,内直径为14m<br>2. 宽度:10m<br>3. 混凝土强度等级:混凝土强度为C40,石料最大粒径为15mm | m³ | 155 |

# 第6章 管网工程清单工程量计算及实例

## 6.1 管网工程清单工程量计算规则

### 1. 管道铺设

管道铺设工程量清单项目设置、项目特征描述的内容、计量单位及工程量计算规则，应按表6-1的规定执行。

表6-1 管道铺设（编码：040501）

| 项目编码 | 项目名称 | 项目特征 | 计量单位 | 工程量计算规则 | 工程内容 |
|---|---|---|---|---|---|
| 040501001 | 混凝土管 | 1. 垫层、基础材质及厚度<br>2. 管座材质<br>3. 规格<br>4. 接口方式<br>5. 铺设深度<br>6. 混凝土强度等级<br>7. 管道检验及试验要求 | | | 1. 垫层、基础铺筑及养护<br>2. 模板制作、安装、拆除<br>3. 混凝土拌和、运输、浇筑、养护<br>4. 预制管枕安装<br>5. 管道铺设<br>6. 管道接口<br>7. 管道检验及试验 |
| 040501002 | 钢管 | 1. 垫层、基础材质及厚度<br>2. 材质及规格<br>3. 接口方式<br>4. 铺设深度<br>5. 管道检验及试验要求<br>6. 集中防腐运距 | | 按设计图示中心线长度以延长米计算。不扣除附属构筑物、管件及阀门等所占长度 | 1. 垫层、基础铺筑及养护<br>2. 模板制作、安装、拆除<br>3. 混凝土拌和、运输、浇筑、养护<br>4. 管道铺设<br>5. 管道检验及试验<br>6. 集中防腐运输 |
| 040501003 | 铸铁管 | | m | | |
| 040501004 | 塑料管 | 1. 垫层、基础材质及厚度<br>2. 材质及规格<br>3. 连接形式<br>4. 铺设深度<br>5. 管道检验及试验要求 | | | 1. 垫层、基础铺筑及养护<br>2. 模板制作、安装、拆除<br>3. 混凝土拌和、运输、浇筑、养护<br>4. 管道铺设<br>5. 管道检验及试验 |
| 040501005 | 直埋式预制保温管 | 1. 垫层材质及厚度<br>2. 材质及规格<br>3. 接口方式<br>4. 铺设深度<br>5. 管道检验及试验的要求 | | | 1. 垫层铺筑及养护<br>2. 管道铺设<br>3. 接口处保温<br>4. 管道检验及试验 |
| 040501006 | 管道架空跨越 | 1. 管道架设高度<br>2. 管道材质及规格<br>3. 接口方式<br>4. 管道检验及试验要求<br>5. 集中防腐运距 | | 按设计图示中心线长度以延长米计算。不扣除管件及阀门等所占长度 | 1. 管道架设<br>2. 管道检验及试验<br>3. 集中防腐运输 |

（续）

| 项目编码 | 项目名称 | 项目特征 | 计量单位 | 工程量计算规则 | 工程内容 |
|---|---|---|---|---|---|
| 040501007 | 隧道（沟、管）内管道 | 1. 基础材质及厚度<br>2. 混凝土强度等级<br>3. 材质及规格<br>4. 接口方式<br>5. 管道检验及试验要求<br>6. 集中防腐运距 | m | 按设计图示中心线长度以延长米计算。不扣除附属构筑物、管件及阀门等所占长度 | 1. 基础铺筑、养护<br>2. 模板制作、安装、拆除<br>3. 混凝土拌和、运输、浇筑、养护<br>4. 管道铺设<br>5. 管道检测及试验<br>6. 集中防腐运输 |
| 040501008 | 水平导向钻进 | 1. 土壤类别<br>2. 材质及规格<br>3. 一次成孔长度<br>4. 接口方式<br>5. 泥浆要求<br>6. 管道检验及试验要求<br>7. 集中防腐运距 | m | 按设计图示长度以延长米计算。扣除附属构筑物（检查井）所占的长度 | 1. 设备安装、拆除<br>2. 定位、成孔<br>3. 管道接口<br>4. 拉管<br>5. 纠偏、监测<br>6. 泥浆制作、注浆<br>7. 管道检测及试验<br>8. 集中防腐运输<br>9. 泥浆、土方外运 |
| 040501009 | 夯管 | 1. 土壤类别<br>2. 材质及规格<br>3. 一次夯管长度<br>4. 接口方式<br>5. 管道检验及试验要求<br>6. 集中防腐运距 | m | 按设计图示长度以延长米计算。扣除附属构筑物（检查井）所占的长度 | 1. 设备安装、拆除<br>2. 定位、夯管<br>3. 管道接口<br>4. 纠偏、监测<br>5. 管道检测及试验<br>6. 集中防腐运输<br>7. 土方外运 |
| 040501010 | 顶（夯）管工作坑 | 1. 土壤类别<br>2. 工作坑平面尺寸及深度<br>3. 支撑、围护方式<br>4. 垫层、基础材质及厚度<br>5. 混凝土强度等级<br>6. 设备、工作台主要技术要求 | 座 | 按设计图示数量计算 | 1. 支撑、围护<br>2. 模板制作、安装、拆除<br>3. 混凝土拌和、运输、浇筑、养护<br>4. 工作坑内设备、工作台安装及拆除 |
| 040501011 | 预制混凝土工作坑 | 1. 土壤类别<br>2. 工作坑平面尺寸及深度<br>3. 垫层、基础材质及厚度<br>4. 混凝土强度等级<br>5. 设备、工作台主要技术要求<br>6. 混凝土构件运距 | 座 | 按设计图示数量计算 | 1. 混凝土工作坑制作<br>2. 下沉、定位<br>3. 模板制作、安装、拆除<br>4. 混凝土拌和、运输、浇筑、养护<br>5. 工作坑内设备、工作台安装及拆除<br>6. 混凝土构件运输 |

（续）

| 项目编码 | 项目名称 | 项目特征 | 计量单位 | 工程量计算规则 | 工程内容 |
|---|---|---|---|---|---|
| 040501012 | 顶管 | 1. 土壤类别<br>2. 顶管工作方式<br>3. 管道材质及规格<br>4. 中继间规格<br>5. 工具管材质及规格<br>6. 触变泥浆要求<br>7. 管道检验及试验要求<br>8. 集中防腐运距 | m | 按设计图示长度以延长米计算。扣除附属构筑物（检查井）所占的长度 | 1. 管道顶进<br>2. 管道接口<br>3. 中继间、工具管及附属设备安装拆除<br>4. 管内挖、运土及土方提升<br>5. 机械顶管设备调向<br>6. 纠偏、监测<br>7. 触变泥浆制作、注浆<br>8. 洞口止水<br>9. 管道检测及试验<br>10. 集中防腐运输<br>11. 泥浆、土方外运 |
| 040501013 | 土壤加固 | 1. 土壤类别<br>2. 加固填充材料<br>3. 加固方式 | 1. m<br>2. m³ | 1. 按设计图示加固段长度以延长米计算<br>2. 按设计图示加固段体积以立方米计算 | 打孔、调浆、灌注 |
| 040501014 | 新旧管连接 | 1. 材质及规格<br>2. 连接方式<br>3. 带（不带）介质连接 | 处 | 按设计图示数量计算 | 1. 切管<br>2. 钻孔<br>3. 连接 |
| 040501015 | 临时放水管线 | 1. 材质及规格<br>2. 铺设方式<br>3. 接口形式 | m | 按放水管线长度以延长米计算，不扣除管件、阀门所占长度 | 管线铺设、拆除 |
| 040501016 | 砌筑方沟 | 1. 断面规格<br>2. 垫层、基础材质及厚度<br>3. 砌筑材料品种、规格、强度等级<br>4. 混凝土强度等级<br>5. 砂浆强度等级、配合比<br>6. 勾缝、抹面要求<br>7. 盖板材质及规格<br>8. 伸缩缝（沉降缝）要求<br>9. 防渗、防水要求<br>10. 混凝土构件运距 | m | 按设计图示尺寸以延长米计算 | 1. 模板制作、安装、拆除<br>2. 混凝土拌和、运输、浇筑、养护<br>3. 砌筑<br>4. 勾缝、抹面<br>5. 盖板安装<br>6. 防水、止水<br>7. 混凝土构件运输 |
| 040501017 | 混凝土方沟 | 1. 断面规格<br>2. 垫层、基础材质及厚度<br>3. 混凝土强度等级<br>4. 伸缩缝（沉降缝）要求<br>5. 盖板材质、规格<br>6. 防渗、防水要求<br>7. 混凝土构件运距 | | | 1. 模板制作、安装、拆除<br>2. 混凝土拌和、运输、浇筑、养护<br>3. 盖板安装<br>4. 防水、止水<br>5. 混凝土构件运输 |

（续）

| 项目编码 | 项目名称 | 项目特征 | 计量单位 | 工程量计算规则 | 工程内容 |
|---|---|---|---|---|---|
| 040501018 | 砌筑渠道 | 1. 断面规格<br>2. 垫层、基础材质及厚度<br>3. 砌筑材料品种、规格、强度等级<br>4. 混凝土强度等级<br>5. 砂浆强度等级、配合比<br>6. 勾缝、抹面要求<br>7. 伸缩缝（沉降缝）要求<br>8. 防渗、防水要求 | m | 按设计图示尺寸以延长米计算 | 1. 模板制作、安装、拆除<br>2. 混凝土拌和、运输、浇筑、养护<br>3. 渠道砌筑<br>4. 勾缝、抹面<br>5. 防水、止水 |
| 040501019 | 混凝土渠道 | 1. 断面规格<br>2. 垫层、基础材质及厚度<br>3. 混凝土强度等级<br>4. 伸缩缝（沉降缝）要求<br>5. 防渗、防水要求<br>6. 混凝土构件运距 | | 按设计图示尺寸以延长米计算 | 1. 模板制作、安装、拆除<br>2. 混凝土拌和、运输、浇筑、养护<br>3. 防水、止水<br>4. 混凝土构件运输 |
| 040501020 | 警示（示踪）带铺设 | 规格 | | 按铺设长度以延长米计算 | 铺设 |

注：1. 管道架空跨越铺设的支架制作、安装及支架基础、垫层应按"支架制作及安装"相关清单项目编码列项。
 2. 管道铺设项目中的做法如为标准设计，也可在项目特征中标注标准图集号。

**2. 管件、阀门及附件安装**

管件、阀门及附件安装工程量清单项目设置、项目特征描述的内容、计量单位及工程量计算规则，应按表 6-2 的规定执行。

表 6-2　管件、阀门及附件安装（编码：040502）

| 项目编码 | 项目名称 | 项目特征 | 计量单位 | 工程量计算规则 | 工程内容 |
|---|---|---|---|---|---|
| 040502001 | 铸铁管管件 | 1. 种类<br>2. 材质及规格<br>3. 接口形式 | 个 | 按设计图示数量计算 | 安装 |
| 040502002 | 钢管管件制作、安装 | | | | 制作、安装 |
| 040502003 | 塑料管管件 | 1. 种类<br>2. 材质及规格<br>3. 连接方式 | | | 安装 |
| 040502004 | 转换件 | 1. 材质及规格<br>2. 接口形式 | | | |
| 040502005 | 阀门 | 1. 种类<br>2. 材质及规格<br>3. 连接方式<br>4. 试验要求 | | | |
| 040502006 | 法兰 | 1. 材质、规格、结构形式<br>2. 连接方式<br>3. 焊接方式<br>4. 垫片材质 | | | |

（续）

| 项目编码 | 项目名称 | 项目特征 | 计量单位 | 工程量计算规则 | 工程内容 |
|---|---|---|---|---|---|
| 040502007 | 盲堵板制作、安装 | 1. 材质及规格<br>2. 连接方式 | 个 | 按设计图示数量计算 | 制作、安装 |
| 040502008 | 套管制作、安装 | 1. 形式、材质及规格<br>2. 管内填料材质 | | | 制作、安装 |
| 040502009 | 水表 | 1. 规格<br>2. 安装方式 | | | 安装 |
| 040502010 | 消火栓 | 1. 规格<br>2. 安装部位、方式 | | | 安装 |
| 040502011 | 补偿器（波纹管） | 1. 规格<br>2. 安装方式 | 套 | | 安装 |
| 040502012 | 除污器组成、安装 | | | | 组成、安装 |
| 040502013 | 凝水缸 | 1. 材料品种<br>2. 型号及规格<br>3. 连接方式 | 组 | | 1. 制作<br>2. 安装 |
| 040502014 | 调压器 | 1. 规格<br>2. 型号<br>3. 连接方式 | | | 安装 |
| 040502015 | 过滤器 | | | | |
| 040502016 | 分离器 | | | | |
| 040502017 | 安全水封 | 规格 | | | |
| 040502018 | 检漏（水）管 | | | | |

注：040502013项目的"凝水井"应按"管道附属构筑物"相关清单项目编码列项。

### 3. 支架制作及安装

支架制作及安装工程量清单项目设置、项目特征描述的内容、计量单位及工程量计算规则，应按表6-3的规定执行。

表6-3 支架制作及安装（编码：040503）

| 项目编码 | 项目名称 | 项目特征 | 计量单位 | 工程量计算规则 | 工程内容 |
|---|---|---|---|---|---|
| 040503001 | 砌筑支墩 | 1. 垫层材质、厚度<br>2. 混凝土强度等级<br>3. 砌筑材料、规格、强度等级<br>4. 砂浆强度等级、配合比 | m³ | 按设计图示尺寸以体积计算 | 1. 模板制作、安装、拆除<br>2. 混凝土拌和、运输、浇筑、养护<br>3. 砌筑<br>4. 勾缝、抹面 |
| 040503002 | 混凝土支墩 | 1. 垫层材质、厚度<br>2. 混凝土强度等级<br>3. 预制混凝土构件运距 | | | 1. 模板制作、安装、拆除<br>2. 混凝土拌和、运输、浇筑、养护<br>3. 预制混凝土支墩安装<br>4. 混凝土构件运输 |

（续）

| 项目编码 | 项目名称 | 项目特征 | 计量单位 | 工程量计算规则 | 工程内容 |
|---|---|---|---|---|---|
| 040503003 | 金属支架制作、安装 | 1. 垫层、基础材质及厚度<br>2. 混凝土强度等级<br>3. 支架材质<br>4. 支架形式<br>5. 预埋件材质及规格 | t | 按设计图示质量计算 | 1. 模板制作、安装、拆除<br>2. 混凝土拌和、运输、浇筑、养护<br>3. 支架制作、安装 |
| 040503004 | 金属吊架制作、安装 | 1. 吊架形式<br>2. 吊架材质<br>3. 预埋件材质及规格 | | | 制作、安装 |

### 4. 管道附属构筑物

管道附属构筑物工程量清单项目设置、项目特征描述的内容、计量单位及工程量计算规则，应按表6-4的规定执行。

表6-4　管道附属构筑物（编码：040504）

| 项目编码 | 项目名称 | 项目特征 | 计量单位 | 工程量计算规则 | 工程内容 |
|---|---|---|---|---|---|
| 040504001 | 砌筑井 | 1. 垫层、基础材质及厚度<br>2. 砌筑材料品种、规格、强度等级<br>3. 勾缝、抹面要求<br>4. 砂浆强度等级、配合比<br>5. 混凝土强度等级<br>6. 盖板材质、规格<br>7. 井盖、井圈材质及规格<br>8. 踏步材质、规格<br>9. 防渗、防水要求 | 座 | 按设计图示数量计算 | 1. 垫层铺筑<br>2. 模板制作、安装、拆除<br>3. 混凝土拌和、运输、浇筑、养护<br>4. 砌筑、勾缝、抹面<br>5. 井圈、井盖安装<br>6. 盖板安装<br>7. 踏步安装<br>8. 防水、止水 |
| 040504002 | 混凝土井 | 1. 垫层、基础材质及厚度<br>2. 混凝土强度等级<br>3. 盖板材质、规格<br>4. 井盖、井圈材质及规格<br>5. 踏步材质、规格<br>6. 防渗、防水要求 | | | 1. 垫层铺筑<br>2. 模板制作、安装、拆除<br>3. 混凝土拌和、运输、浇筑、养护<br>4. 井圈、井盖安装<br>5. 盖板安装<br>6. 踏步安装<br>7. 防水、止水 |
| 040504003 | 塑料检查井 | 1. 垫层、基础材质及厚度<br>2. 检查井材质、规格<br>3. 井筒、井盖、井圈材质及规格 | | | 1. 垫层铺筑<br>2. 模板制作、安装、拆除<br>3. 混凝土拌和、运输、浇筑、养护<br>4. 检查井安装<br>5. 井筒、井圈、井盖安装 |
| 040504004 | 砖砌井筒 | 1. 井筒规格<br>2. 砌筑材料品种、规格<br>3. 砌筑、勾缝、抹面要求<br>4. 砂浆强度等级、配合比<br>5. 踏步材质、规格<br>6. 防渗、防水要求 | m | 按设计图示尺寸以延长米计算 | 1. 砌筑、勾缝、抹面<br>2. 踏步安装 |
| 040504005 | 预制混凝土井筒 | 1. 井筒规格<br>2. 踏步规格 | | | 1. 运输<br>2. 安装 |

（续）

| 项目编码 | 项目名称 | 项目特征 | 计量单位 | 工程量计算规则 | 工程内容 |
|---|---|---|---|---|---|
| 040504006 | 砌体出水口 | 1. 垫层、基础材质及厚度<br>2. 砌筑材料品种、规格<br>3. 砌筑、勾缝、抹面要求<br>4. 砂浆强度等级及配合比 | 座 | 按设计图示数量计算 | 1. 垫层铺筑<br>2. 模板制作、安装、拆除<br>3. 混凝土拌和、运输、浇筑、养护<br>4. 砌筑、勾缝、抹面 |
| 040504007 | 混凝土出水口 | 1. 垫层、基础材质及厚度<br>2. 混凝土强度等级 | | | 1. 垫层铺筑<br>2. 模板制作、安装、拆除<br>3. 混凝土拌和、运输、浇筑、养护 |
| 040504008 | 整体化粪池 | 1. 材质<br>2. 型号、规格 | | | 安装 |
| 040504009 | 雨水口 | 1. 雨水箅子及圈口材质、型号、规格<br>2. 垫层、基础材质及厚度<br>3. 混凝土强度等级<br>4. 砌筑材料品种、规格<br>5. 砂浆强度等级及配合比 | 座 | 按设计图示数量计算 | 1. 垫层铺筑<br>2. 模板制作、安装、拆除<br>3. 混凝土拌和、运输、浇筑、养护<br>4. 砌筑、勾缝、抹面<br>5. 雨水箅子安装 |

注：管道附属构筑物为标准定型附属构筑物时，在项目特征中应标注标准图集编号及页码。

**5. 清单相关问题及说明**

1）清单项目所涉及土方工程的内容应按"土石方工程"中相关项目编码列项。

2）刷油、防腐、保温工程、阴极保护及牺牲阳极应按现行国家标准《通用安装工程工程量计算规范》（GB 50856—2013）中附录 M"刷油、防腐蚀、绝热工程"中相关项目编码列项。

3）高压管道及管件、阀门安装，不锈钢管及管件、阀门安装，管道焊缝无损探伤应按现行国家标准《通用安装工程工程量计算规范》（GB 50856—2013）附录 H"工业管道"中相关项目编码列项。

4）管道检验及试验要求应按各专业的施工验收规范及设计要求，对已完管道工程进行的管道吹扫、冲洗消毒、强度试验、严密性试验、闭水试验等内容进行描述。

5）阀门电动机需单独安装，应按现行国家标准《通用安装工程工程量计算规范》（GB 50856—2013）附录 K"给水排水、采暖、燃气工程"中相关项目编码列项。

6）雨水口连接管应按"管道铺设"中相关项目编码列项。

## 6.2　管网工程工程量清单编制实例

### 实例1：某街道新建排水工程混凝土管的工程量计算

在某街道新建排水工程中，污水管采用钢筋混凝土管，使用 180°混凝土基础，管道防腐为 195m，如图 6-1 所示，试计算混凝土管道铺设工程量。

【解】

混凝土管道铺设工程量为：195.0m。

### 实例 2：某工程钢管管线铺设工程量计算

某管线工程，J1 为非定型检查井 1300mm×2500mm，主管为 DN1400，支管为 DN600，单侧布置，如图 6-2 所示。DN600 长 420m，DN1400 长 1480m，求该工程钢管管线铺设工程量（C30 混凝土管）。

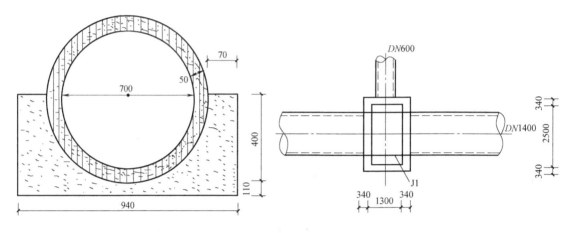

图 6-1　管基断面图（单位：cm）　　　图 6-2　某管线工程图（单位：mm）

【解】

DN600 工程量：420m，DN1400 工程量：1480m。

### 实例 3：某城市排水工程管道 UPVC 塑料管的工程量计算

某排水工程主干管长度为 550m，采用 φ600 混凝土管，135°混凝土基础，在主干管上设置雨水检查井 9 座，规格为 φ1500，单室雨水井 18 座，雨水口接入管为 φ225UPVC 加筋管，共 7 道，每道 12m，如图 6-3 所示。求 UPVC 塑料管道的工程量。

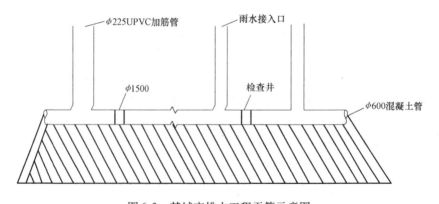

图 6-3　某城市排水工程干管示意图

【解】

φ225UPVC 加筋管铺设 = 7×12

= 84（m）

## 实例4：顶管法施工工程量计算

有一隧道工程在 K1 + 70 ~ K1 + 250 施工段，利用管节垂直顶升进行隧道推进，管节采用钢筋混凝土制成，管节长为6m，管节垂直顶升长度为42m，求管节垂直顶升工程量。

**【解】**

首节顶升长度：42m。

## 实例5：某大型砌筑渠道清单工程量编制

某一大型砌筑渠道，渠道总长为300m，如图6-4所示，计算其工程量。

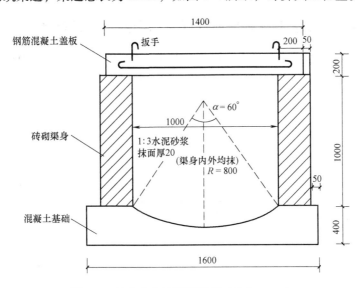

图 6-4 某大型砌筑渠道断面（单位：mm）

**【解】**

砌筑渠道工程量：300m

（1）渠道基础

$$\left[1.6 \times 0.4 - \left(\frac{1}{2} \times 1.0^2 \times \frac{\pi}{3} - \frac{\sqrt{3}}{4} \times 1.0^2\right)\right] \times 300$$

$$= \left[0.64 - (0.52 - 0.43)\right] \times 300$$

$$= 165 \ (\text{m}^3)$$

其中 $\left(\frac{1}{2} \times 1.0^2 \times \frac{\pi}{3} - \frac{\sqrt{3}}{4} \times 1.0^2\right)$ 为弓形面积。

（2）墙身砌筑

$$1.0 \times 0.25 \times 300 \times 2$$

$$= 150 \ (\text{m}^3)$$

（3）盖板预制

$$1.4 \times 0.2 \times 300$$

$$= 84 \ (\text{m}^3)$$

（4）抹面

$1.0 \times 300 \times 4$

$= 1200$ （$m^2$）

（5）防腐：300m

清单工程量计算表见表6-5。

表6-5　清单工程量计算表

| 项目编码 | 项目名称 | 项目特征描述 | 计量单位 | 工程量 |
|---|---|---|---|---|
| 040501018001 | 砌筑渠道 | 砖砌，混凝土渠道 | m | 300 |

### 实例6：某市政给水工程采用镀锌钢管阀门安装工程量计算

某城市某段市政给水管道如图6-5所示，其中，$DN300$ 为新建镀锌钢管，水泥砂浆做内防腐，新建圆形直筒式阀门井的井深为3.2m。试求工程量。

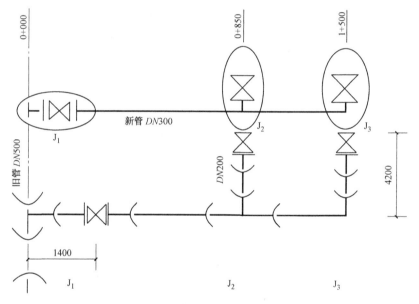

图6-5　某城市某段市政给水管道（单位：mm）

【解】

（1）管道安装

1）$DN200 = 4.2m$

2）$DN300 = 1500 - 1.4$

　　　　　$= 1498.6$（m）

（2）管件安装

1）双承一插三通（$DN300$、$DN200$）1个。

2）盘插短管（$DN200$）1个。

3）盘插短管（$DN300$）1个。

（3）阀门安装

1）*DN*200：1 个。

2）*DN*300：1 个。

（4）碰头

*DN*500：1 处。

（5）新建圆形直筒式阀门井

2 座，井内径 1.4m、井深 3.2m。

注：1. 碰头排水、外防腐不考虑。

    2. 管道安装起止点在碰头的计算到碰头阀门处。

    3. 碰头用管件已含在碰头内，不再另算。

    4. 计算管道安装工程量时，不扣除阀门，管件所占的长度。

### 实例 7：某市政工程消火栓工程量计算

某市政给水工程采用镀锌钢管铺设，主干管直径为 500mm，支管直径为 200mm，如图 6-6 所示，试计算消火栓安装的工程量。

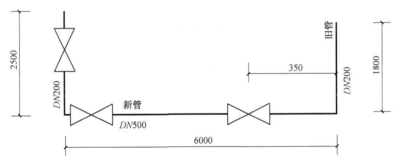

图 6-6 管线布置图（单位：cm）

【解】

消火栓安装：*DN*500，3 个；*DN*200，3 个。

### 实例 8：某排水工程砌筑井的工程量计算

某排水工程砌筑井分布示意图如图 6-7 所示，该工程有 *DN*400 和 *DN*600 两种管道，管道采用混凝土污水管，120°混凝土基础，水泥砂浆接口，共有 4 座直径为 1.5m 的圆形砌筑井，试计算砌筑井的工程量。

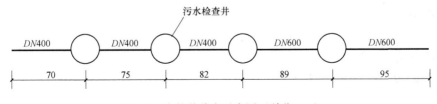

图 6-7 砌筑井分布示意图（单位：m）

【解】

砌筑井的工程量：4 座。

## 实例9：某平行于河流布置的渗渠工程量计算

某平行于河流布置的渗渠铺设在河床下，渗渠由水平集水管、集水井、检查井和泵站组成，其平面图如图6-8所示，集水管为穿孔钢筋混凝土管，管径为600mm，其上布置圆形孔径。集水管外铺设人工反滤层，反滤层的层数、厚度和滤料粒径如图6-9所示。试计算该渗渠工程量。

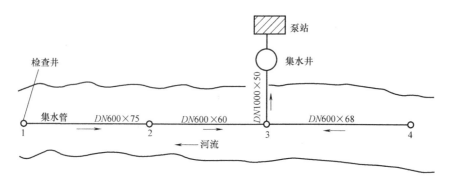

图6-8 渗渠平面图（单位：m）

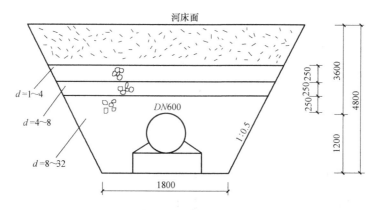

图6-9 集水管断面图（单位：mm）

【解】

（1）钢筋混凝土管道铺设（$DN600$）

$75 + 60 + 68$

$= 203$（m）

（2）钢筋混凝土管道铺设（$DN1000$）：50m

（3）滤料铺设（粒径在1~4mm）

$V = (1.8 + 2 \times 1.3 \times 0.5 + 0.5 \times 0.25) \times 0.25 \times 203$

$= (1.8 + 1.3 + 0.125) \times 0.25 \times 203$

$= 163.67$（m³）

（4）滤料铺设（粒径在4~8mm）

$V = (1.8 + 2 \times 1.05 \times 0.5 + 0.5 \times 0.25) \times 0.25 \times 203$

$= (1.8 + 1.05 + 0.125) \times 0.25 \times 203$

$= 150.98$（$m^3$）

（5）滤料铺设（粒径在 8 ~ 32mm）

$V = (1.8 + 2 \times 0.8 \times 0.5 + 0.5 \times 0.25) \times 0.25 \times 203$

$= (1.8 + 0.8 + 0.125) \times 0.25 \times 203$

$= 138.29$（$m^3$）

# 第7章 水及生活垃圾处理工程清单
# 工程量计算及实例

## 7.1 水处理工程清单工程量计算规则

### 1. 水处理构筑物

水处理构筑物工程量清单项目设置、项目特征描述的内容、计量单位及工程量计算规则，应按表 7-1 的规定执行。

表 7-1 水处理构筑物 （编码：040601）

| 项目编码 | 项目名称 | 项目特征 | 计量单位 | 工程量计算规则 | 工程内容 |
|---|---|---|---|---|---|
| 040601001 | 现浇混凝土沉井井壁及隔墙 | 1. 混凝土强度等级<br>2. 防水、抗渗要求<br>3. 断面尺寸 | | 按设计图示尺寸以体积计算 | 1. 垫木铺设<br>2. 模板制作、安装、拆除<br>3. 混凝土拌和、运输、浇筑<br>4. 养护<br>5. 预留孔封口 |
| 040601002 | 沉井下沉 | 1. 土壤类别<br>2. 断面尺寸<br>3. 下沉深度<br>4. 减阻材料种类 | | 按自然面标高至设计垫层底标高间的高度乘以沉井外壁最大断面面积以体积计算 | 1. 垫木拆除<br>2. 挖土<br>3. 沉井下沉<br>4. 填充减阻材料<br>5. 余方弃置 |
| 040601003 | 沉井混凝土底板 | 1. 混凝土强度等级<br>2. 防水、抗渗要求 | | | |
| 040601004 | 沉井内地下混凝土结构 | 1. 部位<br>2. 混凝土强度等级<br>3. 防水、抗渗要求 | m³ | | |
| 040601005 | 沉井混凝土顶板 | | | 按设计图示尺寸以体积计算 | 1. 模板制作、安装、拆除<br>2. 混凝土拌和、运输、浇筑<br>3. 养护 |
| 040601006 | 现浇混凝土池底 | | | | |
| 040601007 | 现浇混凝土池壁（隔墙） | 1. 混凝土强度等级<br>2. 防水、抗渗要求 | | | |
| 040601008 | 现浇混凝土池柱 | | | | |
| 040601009 | 现浇混凝土池梁 | | | | |

（续）

| 项目编码 | 项目名称 | 项目特征 | 计量单位 | 工程量计算规则 | 工程内容 |
|---|---|---|---|---|---|
| 040601010 | 现浇混凝土池盖板 | 1. 混凝土强度等级<br>2. 防水、抗渗要求 | m³ | 按设计图示尺寸以体积计算 | 1. 模板制作、安装、拆除<br>2. 混凝土拌和、运输、浇筑<br>3. 养护 |
| 040601011 | 现浇混凝土板 | 1. 名称、规格<br>2. 混凝土强度等级<br>3. 防水、抗渗要求 | | 按设计图示尺寸以体积计算 | |
| 040601012 | 池槽 | 1. 混凝土强度等级<br>2. 防水、抗渗要求<br>3. 池槽断面尺寸<br>4. 盖板材质 | m | 按设计图示尺寸以长度计算 | 1. 模板制作、安装、拆除<br>2. 混凝土拌和、运输、浇筑<br>3. 养护<br>4. 盖板安装<br>5. 其他材料铺设 |
| 040601013 | 砌筑导流壁、筒 | 1. 砌体材料、规格<br>2. 断面尺寸<br>3. 砌筑、勾缝、抹面砂浆强度等级 | m³ | 按设计图示尺寸以体积计算 | 1. 砌筑<br>2. 抹面<br>3. 勾缝 |
| 040601014 | 混凝土导流壁、筒 | 1. 混凝土强度等级<br>2. 防水、抗渗要求<br>3. 断面尺寸 | | | 1. 模板制作、安装、拆除<br>2. 混凝土拌和、运输、浇筑<br>3. 养护 |
| 040601015 | 混凝土楼梯 | 1. 结构形式<br>2. 底板厚度<br>3. 混凝土强度等级 | 1. m²<br>2. m³ | 1. 以平方米计量，按设计图示尺寸以水平投影面积计算<br>2. 以立方米计量，按设计图示尺寸以体积计算 | 1. 模板制作、安装、拆除<br>2. 混凝土拌和、运输、浇筑或预制<br>3. 养护<br>4. 楼梯安装 |
| 040601016 | 金属扶梯、栏杆 | 1. 材质<br>2. 规格<br>3. 防腐刷油材质、工艺要求 | 1. t<br>2. m | 1. 以吨计量，按设计图示尺寸以质量计算<br>2. 以米计量，按设计图示尺寸以长度计算 | 1. 制作、安装<br>2. 除锈、防腐、刷油 |
| 040601017 | 其他现浇混凝土构件 | 1. 构件名称、规格<br>2. 混凝土强度等级 | | | 1. 模板制作、安装、拆除<br>2. 混凝土拌和、运输、浇筑<br>3. 养护 |
| 040601018 | 预制混凝土板 | 1. 图集、图样名称<br>2. 构件代号、名称<br>3. 混凝土强度等级<br>4. 防水、抗渗要求 | m³ | 按设计图示尺寸以体积计算 | 1. 模板制作、安装、拆除<br>2. 混凝土拌和、运输、浇筑<br>3. 养护<br>4. 构件安装<br>5. 接头灌浆<br>6. 砂浆制作<br>7. 运输 |
| 040601019 | 预制混凝土槽 | | | | |
| 040601020 | 预制混凝土支墩 | | | | |
| 040601021 | 其他预制混凝土构件 | 1. 部位<br>2. 图集、图样名称<br>3. 构件代号、名称<br>4. 混凝土强度等级<br>5. 防水、抗渗要求 | | | |

（续）

| 项目编码 | 项目名称 | 项目特征 | 计量单位 | 工程量计算规则 | 工程内容 |
|---|---|---|---|---|---|
| 040601022 | 滤板 | 1. 材质<br>2. 规格<br>3. 厚度<br>4. 部位 | m² | 按设计图示尺寸以面积计算 | 1. 制作<br>2. 安装 |
| 040601023 | 折板 | | | | |
| 040601024 | 壁板 | | | | |
| 040601025 | 滤料铺设 | 1. 滤料品种<br>2. 滤料规格 | m³ | 按设计图示尺寸以体积计算 | 铺设 |
| 040601026 | 尼龙网板 | 1. 材料品种<br>2. 材料规格 | m² | 按设计图示尺寸以面积计算 | 1. 制作<br>2. 安装 |
| 040601027 | 刚性防水 | 1. 工艺要求<br>2. 材料品种、规格 | | | 1. 配料<br>2. 铺筑 |
| 040601028 | 柔性防水 | | | | 涂、贴、粘、刷防水材料 |
| 040601029 | 沉降（施工）缝 | 1. 材料品种<br>2. 沉降缝规格<br>3. 沉降缝部位 | m | 按设计图示尺寸以长度计算 | 铺、嵌沉降（施工）缝 |
| 040601030 | 井、池渗漏试验 | 构筑物名称 | m³ | 按设计图示储水尺寸以体积计算 | 渗漏试验 |

注：1. 沉井混凝土地梁工程量，应并入底板内计算。
　　2. 各类垫层应按"桥涵工程"相关编码列项。

### 2. 水处理设备

水处理设备工程量清单项目设置、项目特征描述的内容、计量单位及工程量计算规则，应按表 7-2 的规定执行。

表 7-2　水处理设备（编号：040602）

| 项目编码 | 项目名称 | 项目特征 | 计量单位 | 工程量计算规则 | 工程内容 |
|---|---|---|---|---|---|
| 040602001 | 格栅 | 1. 材质<br>2. 防腐材料<br>3. 规格 | 1. t<br>2. 套 | 1. 以吨计量，按设计图示尺寸以质量计算<br>2. 以套计量，按设计图示数量计算 | 1. 制作<br>2. 防腐<br>3. 安装 |
| 040602002 | 格栅除污机 | 1. 类型<br>2. 材质<br>3. 规格、型号<br>4. 参数 | 台 | 按设计图示数量计算 | 1. 安装<br>2. 无负荷试运转 |
| 040602003 | 滤网清污机 | | | | |
| 040602004 | 压榨机 | | | | |
| 040602005 | 刮砂机 | | | | |
| 040602006 | 吸砂机 | 1. 类型<br>2. 材质<br>3. 规格、型号<br>4. 参数 | | | |
| 040602007 | 刮泥机 | | | | |
| 040602008 | 吸泥机 | | | | |
| 040602009 | 刮吸泥机 | | | | |
| 040602010 | 撇渣机 | | | | |
| 040602011 | 砂（泥）水分离器 | | | | |
| 040602012 | 曝气机 | | | | |
| 040602013 | 曝气器 | | 个 | | |

（续）

| 项目编码 | 项目名称 | 项目特征 | 计量单位 | 工程量计算规则 | 工程内容 |
|---|---|---|---|---|---|
| 040602014 | 布气管 | 1. 材质<br>2. 直径 | m | 按设计图示以长度计算 | 1. 钻孔<br>2. 安装 |
| 040602015 | 滗水器 | 1. 类型<br>2. 材质<br>3. 规格、型号<br>4. 参数 | 套 | 按设计图示数量计算 | 1. 安装<br>2. 无负荷试运转 |
| 040602016 | 生物转盘 | | | | |
| 040602017 | 搅拌机 | | 台 | | |
| 040602018 | 推进器 | | | | |
| 040602019 | 加药设备 | 1. 类型<br>2. 材质<br>3. 规格、型号<br>4. 参数 | 套 | | |
| 040602020 | 加氯机 | | | | |
| 040602021 | 氯吸收装置 | | | | |
| 040602022 | 水射器 | 1. 材质<br>2. 公称直径 | 个 | | |
| 040602023 | 管式混合器 | | | | |
| 040602024 | 冲洗装置 | 1. 类型<br>2. 材质<br>3. 规格、型号<br>4. 参数 | 套 | | |
| 040602025 | 带式压滤机 | | 台 | | |
| 040602026 | 污泥脱水机 | | | | |
| 040602027 | 污泥浓缩机 | | | | |
| 040602028 | 污泥浓缩脱水一体机 | | | | |
| 040602029 | 污泥输送机 | | | | |
| 040602030 | 污泥切割机 | | | | |
| 040602031 | 闸门 | 1. 类型<br>2. 材质<br>3. 形式<br>4. 规格、型号 | 1. 座<br>2. t | 1. 以座计量，按设计图示数量计算<br>2. 以吨计量，按设计图示尺寸以质量计算 | 1. 安装<br>2. 操纵装置安装<br>3. 调试 |
| 040602032 | 旋转门 | | | | |
| 040602033 | 堰门 | | | | |
| 040602034 | 拍门 | | | | |
| 040602035 | 启闭机 | 1. 类型<br>2. 材质<br>3. 形式<br>4. 规格、型号 | 台 | 按设计图示数量计算 | |
| 040602036 | 升杆式铸铁泥阀 | 公称直径 | 座 | | |
| 040602037 | 平底盖闸 | | | | |
| 040602038 | 集水槽 | 1. 材质<br>2. 厚度<br>3. 形式<br>4. 防腐材料 | m² | 按设计图示尺寸以面积计算 | 1. 制作<br>2. 安装 |
| 040602039 | 堰板 | | | | |
| 040602040 | 斜板 | 1. 材料品种<br>2. 厚度 | | | 安装 |
| 040602041 | 斜管 | 1. 斜管材料品种<br>2. 斜管规格 | m | 按设计图示以长度计算 | |

（续）

| 项目编码 | 项目名称 | 项目特征 | 计量单位 | 工程量计算规则 | 工程内容 |
|---|---|---|---|---|---|
| 040602042 | 紫外线消毒设备 | 1. 类型<br>2. 材质<br>3. 规格、型号<br>4. 参数 | 套 | 按设计图示数量计算 | 1. 安装<br>2. 无负荷试运转 |
| 040602043 | 臭氧消毒设备 | | | | |
| 040602044 | 除臭设备 | | | | |
| 040602045 | 膜处理设备 | | | | |
| 040602046 | 在线水质检测设备 | | | | |

### 3. 清单相关问题及说明

1）水处理工程中建筑物应按现行国家标准《房屋建筑和装饰工程工程量计算规范》（GB 50854—2013）中相关项目编码列项，园林绿化项目应按现行国家标准《园林绿化工程工程量计算规范》（GB 50858—2013）中相关项目编码列项。

2）本节清单项目工作内容中均未包括土石方开挖、回填夯实等内容，发生时应按"土石方工程"中相关项目编码列项。

3）本部分设备安装工程只列了水处理工程专用设备的项目，各类仪表、泵、阀门等标准、定型设备应按现行国家标准《通用安装工程工程量计算规范》（GB 50856—2013）中相关项目编码列项。

## 7.2 生活垃圾处理工程工程量计算规则

### 1. 垃圾卫生填埋

垃圾卫生填埋工程量清单项目设置、项目特征描述的内容、计量单位及工程量计算规则，应按表 7-3 的规定执行。

表 7-3 垃圾卫生填埋（编号：040701）

| 项目编码 | 项目名称 | 项目特征 | 计量单位 | 工程量计算规则 | 工程内容 |
|---|---|---|---|---|---|
| 040701001 | 场地平整 | 1. 部位<br>2. 坡度<br>3. 压实度 | $m^2$ | 按设计图示尺寸以面积计算 | 1. 找坡、平整<br>2. 压实 |
| 040701002 | 垃圾坝 | 1. 结构类型<br>2. 土石种类、密实度<br>3. 砌筑形式、砂浆强度等级<br>4. 混凝土强度等级<br>5. 断面尺寸 | $m^3$ | 按设计图示尺寸以体积计算 | 1. 模板制作、安装、拆除<br>2. 地基处理<br>3. 摊铺、夯实、碾压、整形、修坡<br>4. 砌筑、填缝、铺浆<br>5. 浇筑混凝土<br>6. 沉降缝<br>7. 养护 |

（续）

| 项目编码 | 项目名称 | 项目特征 | 计量单位 | 工程量计算规则 | 工程内容 |
|---|---|---|---|---|---|
| 040701003 | 压实黏土防渗层 | 1. 厚度<br>2. 压实度<br>3. 渗透系数 | m² | 按设计图示尺寸以面积计算 | 1. 填筑、平整<br>2. 压实 |
| 040701004 | 高密度聚乙烯（HDPD）膜 | 1. 铺设位置<br>2. 厚度、防渗系数<br>3. 材料规格、强度、单位重量<br>4. 连（搭）接方式 | m² | 按设计图示尺寸以面积计算 | 1. 裁剪<br>2. 铺设<br>3. 连（搭）接 |
| 040701005 | 钠基膨润土防水毯（GCL） | | | | |
| 040701006 | 土工合成材料 | | | | |
| 040701007 | 袋装土保护层 | 1. 厚度<br>2. 材料品种、规格<br>3. 铺设位置 | | | 1. 运输<br>2. 土装袋<br>3. 铺设或铺筑<br>4. 袋装土放置 |
| 040701008 | 帷幕灌浆垂直防渗 | 1. 地质参数<br>2. 钻孔孔径、深度、间距<br>3. 水泥浆配合比 | m | 按设计图示尺寸以长度计算 | 1. 钻孔<br>2. 清孔<br>3. 压力注浆 |
| 040701009 | 碎（卵）石导流层 | 1. 材料品种<br>2. 材料规格<br>3. 导流层厚度或断面尺寸 | m³ | 按设计图示尺寸以体积计算 | 1. 运输<br>2. 铺筑 |
| 040701010 | 穿孔管铺设 | 1. 材质、规格、型号<br>2. 直径、壁厚<br>3. 穿孔尺寸、间距<br>4. 连接方式<br>5. 铺设位置 | m | 按设计图示尺寸以长度计算 | 1. 铺设<br>2. 连接<br>3. 管件安装 |
| 040701011 | 无孔管铺设 | 1. 材质、规格<br>2. 直径、壁厚<br>3. 连接方式<br>4. 铺设位置 | | | |
| 040701012 | 盲沟 | 1. 材质、规格<br>2. 垫层、粒料规格<br>3. 断面尺寸<br>4. 外层包裹材料性能指标 | | | 1. 垫层、粒料铺筑<br>2. 管材铺设、连接<br>3. 粒料填充<br>4. 外层材料包裹 |
| 040701013 | 导气石笼 | 1. 石笼直径<br>2. 石料粒径<br>3. 导气管材质、规格<br>4. 反滤层材料<br>5. 外层包裹材料性能指标 | 1. m<br>2. 座 | 1. 以米计量，按设计图示尺寸以长度计算<br>2. 以座计量，按设计图示数量计算 | 1. 外层材料包裹<br>2. 导气管铺设<br>3. 石料填充 |
| 040701014 | 浮动覆盖膜 | 1. 材质、规格<br>2. 锚固方式 | m² | 按设计图示尺寸以面积计算 | 1. 浮动膜安装<br>2. 布置重力压管<br>3. 四周锚固 |

（续）

| 项目编码 | 项目名称 | 项目特征 | 计量单位 | 工程量计算规则 | 工程内容 |
|---|---|---|---|---|---|
| 040701015 | 燃烧火炬装置 | 1. 基座形式、材质、规格、强度等级<br>2. 燃烧系统类型、参数 | 套 | 按设计图示数量计算 | 1. 浇筑混凝土<br>2. 安装<br>3. 调试 |
| 040701016 | 监测井 | 1. 地质参数<br>2. 钻孔孔径、深度<br>3. 监测井材料、直径、壁厚、连接方式<br>4. 滤料材质 | 口 | | 1. 钻孔<br>2. 井筒安装<br>3. 填充滤料 |
| 040701017 | 堆体整形处理 | 1. 压实度<br>2. 边坡坡度 | | 按设计图示尺寸以面积计算 | 1. 挖、填及找坡<br>2. 边坡整形<br>3. 压实 |
| 040701018 | 覆盖植被层 | 1. 材料品种<br>2. 厚度<br>3. 渗透系数 | m² | | 1. 铺筑<br>2. 压实 |
| 040701019 | 防风网 | 1. 材质、规格<br>2. 材料性能指标 | | | 安装 |
| 040701020 | 垃圾压缩设备 | 1. 类型、材质<br>2. 规格、型号<br>3. 参数 | 套 | 按设计图示数量计算 | 1. 安装<br>2. 调试 |

注：1. 边坡处理应按"桥涵工程"中相关项目编码列项。

2. 填埋场渗沥液处理系统应按"水处理工程"中相关项目编码列项。

### 2. 垃圾焚烧

垃圾焚烧工程量清单项目设置、项目特征描述的内容、计量单位及工程量计算规则，应按表7-4的规定执行。

表7-4 垃圾焚烧（编号：040702）

| 项目编码 | 项目名称 | 项目特征 | 计量单位 | 工程量计算规则 | 工程内容 |
|---|---|---|---|---|---|
| 040702001 | 汽车衡 | 1. 规格、型号<br>2. 精度 | 台 | 按设计图示数量计算 | |
| 040702002 | 自动感应洗车装置 | 1. 类型<br>2. 规格、型号<br>3. 参数 | 套 | | |
| 040702003 | 破碎机 | | 台 | | |
| 040702004 | 垃圾卸料门 | 1. 尺寸<br>2. 材质<br>3. 自动开关装置 | m² | 按设计图示尺寸以面积计算 | 1. 安装<br>2. 调试 |
| 040702005 | 垃圾抓斗起重机 | 1. 规格、型号、精度<br>2. 跨度、高度<br>3. 自动称重、控制系统要求 | 套 | 按设计图示数量计算 | |
| 040702006 | 焚烧炉体 | 1. 类型<br>2. 规格、型号<br>3. 处理能力<br>4. 参数 | | | |

## 7.3　水及生活垃圾处理工程工程量清单编制实例

### 实例1：某直线井钢筋混凝土盖板工程量计算

某直线井如图7-1所示，盖板长度 $l = 7\text{m}$，宽 $B = 1.5\text{m}$，厚度 $h = 0.25\text{m}$，铸铁井盖半径 $r = 0.2\text{m}$，试计算该钢筋混凝土盖板工程量。

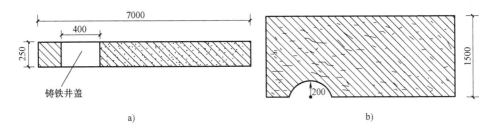

图7-1　直线井示意图（单位：mm）

a）直线井剖面图　b）直线井平面图（一半）

【解】

钢筋混凝土盖板清单工程量：

$$V = (Bl - \pi r^2)h$$
$$= (1.5 \times 7 - 3.14 \times 0.2^2) \times 0.25$$
$$= (10.5 - 0.1256) \times 0.25$$
$$= 2.59 \ (\text{m}^3)$$

### 实例2：某圆形水池现浇混凝土工程量计算

如图7-2所示，为给水排水工程中给水排水构筑物现浇钢筋混凝土半地下室水池（水池为圆形），试计算其工程量。

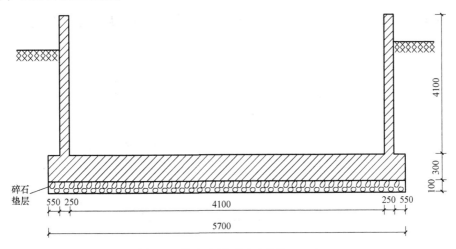

图7-2　某水池剖面图（单位：mm）

**【解】**

（1）现浇混凝土池底

1）垫层铺筑：

$$3.14 \times \left(\frac{5.7}{2}\right)^2 \times 0.1$$

$$= 2.55 \ (\text{m}^3)$$

2）混凝土浇筑：

$$3.14 \times \left(\frac{5.7}{2}\right)^2 \times 0.3$$

$$= 7.65 \ (\text{m}^3)$$

（2）现浇混凝土池壁（隔墙）

$$\left[3.14 \times \left(\frac{4.1}{2} + 0.25\right)^2 - 3.14 \times \left(\frac{4.1}{2}\right)^2\right] \times 4.1$$

$$= (16.6106 - 13.19585) \times 4.1$$

$$= 14.00 \ (\text{m}^3)$$

### 实例3：某池壁工程量计算

某池壁尺寸如图7-3所示，其墙壁上下厚度不均匀，上端壁厚500mm，下端壁厚700mm，墙高5500mm，墙宽6000mm，试计算其工程量。

**【解】**

池壁清单工程量：

$$V = \frac{0.5 + 0.7}{2} \times 5.5 \times 6$$

$$= 19.8 \ (\text{m}^3)$$

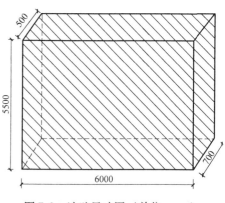

图7-3 池壁尺寸图（单位：mm）

### 实例4：某箱涵工程中沉泥井的工程量计算

某箱涵工程中沉泥井如图7-4所示（其中，沉泥井壁厚为沉泥井直径的$\frac{1}{12}$），试计算该

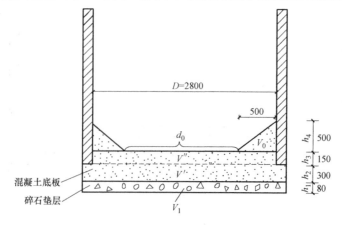

图7-4 沉泥井

沉泥井工程量。

【解】

（1）碎石垫层

$$V_{\text{垫层}} = \frac{1}{4}\pi d_1^2 h_1$$

$$= \frac{1}{4} \times 3.14 \times \left(2.8 \times \frac{1}{12} \times 2 + 2.8\right)^2 \times 0.08$$

$$= \frac{1}{4} \times 3.14 \times 10.6689 \times 0.08$$

$$= 0.67 \ (\text{m}^3)$$

（2）混凝土底板

$$V' = \frac{1}{4}\pi d_1^2 h_2$$

$$= \frac{1}{4} \times 3.14 \times \left(2.8 \times \frac{1}{12} \times 2 + 2.8\right)^2 \times 0.3$$

$$= \frac{1}{4} \times 3.14 \times 10.67 \times 0.3$$

$$= 2.513 \ (\text{m}^3)$$

$$V'' = \frac{1}{4}\pi D^2 h_3$$

$$= \frac{1}{4} \times 3.14 \times 2.8^2 \times 0.15$$

$$= 0.923 \ (\text{m}^3)$$

$$V_0 = \frac{1}{4}\pi D^2 h_4 - \frac{1}{3}\pi h_4 \left(\frac{d_0^2}{2^2} + \frac{D^2}{2^2} + \frac{d_0}{2}\frac{D}{2}\right)$$

$$= \frac{1}{4} \times 3.14 \times 2.8^2 \times 0.5 - \frac{1}{3} \times 3.14 \times 0.5 \times \left(\frac{1.8^2}{4} + \frac{2.8^2}{4} + \frac{1.8}{2} \times \frac{2.8}{2}\right)$$

$$= 3.077 - \frac{1}{3} \times 3.14 \times 0.5 \times (0.81 + 1.96 + 1.26)$$

$$= 0.968 \ (\text{m}^3)$$

$$V_{\text{底板}} = V' + V'' + V_0$$

$$= 2.513 + 0.923 + 0.968$$

$$= 4.40 \ (\text{m}^3)$$

## 实例5：某半地下室锥坡池底的工程量计算

某一半地下室锥坡池底如图7-5所示，池底下有混凝土垫层20cm，伸出池底外周边15cm，圆锥高35cm，池壁外径7.0m，内径6.4m，池壁深14m，试计算该混凝土池底的工程量以及现浇混凝土池壁的工程量。

【解】

（1）混凝土池底

混凝土池底的工程量 = 圆锥体部分的工程量 + 圆柱体部分的工程量

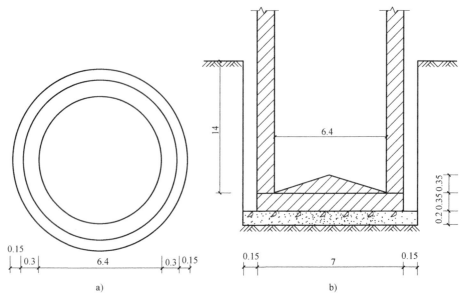

图 7-5 锥坡池底（单位：m）
a）平面图 b）剖面图

$$= \frac{1}{3} \times 0.35 \times 3.14 \times \left(\frac{6.4}{2}\right)^2 + 0.35 \times 3.14 \times \left(\frac{7}{2}\right)^2$$

$$= 3.75 + 13.46$$

$$= 17.21 \ (\text{m}^3)$$

（2）现浇混凝土池壁

现浇混凝土池壁的工程量 $= 14 \times 3.14 \times \left[\left(\frac{7}{2}\right)^2 - \left(\frac{6.4}{2}\right)^2\right]$

$$= 14 \times 3.14 \times (12.25 - 10.24)$$

$$= 88.36 \ (\text{m}^3)$$

## 实例6：某消毒接触池混凝土工程量计算

某排水工程钢筋混凝土消毒接触池中柱形状如图7-6所示，试计算其工程量。

【解】

（1）由1—1截面算体积

$V_{1-1} = 2.5 \times 0.6 \times 0.6$

$\quad = 0.9 \ (\text{m}^3)$

（2）计算2—2截面处体积

$V_1 = 0.6 \times 0.2 \times 1$

$\quad = 0.12 \ (\text{m}^3)$

$V_2 = \left(\frac{0.7 + 1}{2}\right) \times 0.3 \times 0.6$

$\quad = 0.15 \ (\text{m}^3)$

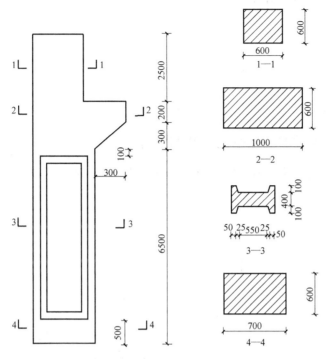

图 7-6　柱形状（单位：mm）

$V_{2-2} = V_1 + V_2 = 0.12 + 0.15$

$\qquad = 0.27 \ (m^3)$

（3）计算 3—3 截面处体积

$S_{矩形} = 0.7 \times 0.6$

$\qquad = 0.42 \ (m^2)$

$S_{梯形} = \dfrac{0.55 + 0.6}{2} \times 0.1 \times 2$

$\qquad = 0.115 \ (m^2)$

$S = S_{矩形} - S_{梯形} = 0.42 - 0.115$

$\quad = 0.305 \ (m^2)$

$V_{3-3} = 0.305 \times (6.5 - 0.5 - 0.1)$

$\qquad = 1.7995 \ (m^3)$

（4）计算 4—4 截面处体积

包括 2—2 截面以下，3—3 截面以上部分体积 $V_1$：

$V_1 = 0.7 \times 0.1 \times 0.5$

$\quad = 0.035 \ (m^3)$

3—3 截面处体积 $V_2$：

$V_2 = 0.6 \times 0.7 \times 0.5$

$\quad = 0.21 \ (m^3)$

总体积：

$$V_{4-4} = V_1 + V_2 = 0.035 + 0.21$$
$$= 0.245 \ (\text{m}^3)$$

（5）此柱总体积

$$V = V_{1-1} + V_{2-2} + V_{3-3} + V_{4-4}$$
$$= 0.9 + 0.27 + 1.7995 + 0.245$$
$$= 3.215 \ (\text{m}^3)$$

**实例 7：水射器投加混凝剂的工程量计算**

在给水工程中，常采用水射器投加的方法加入混凝剂，如图 7-7 所示为水射器投加混凝剂简图。计算其工程量。

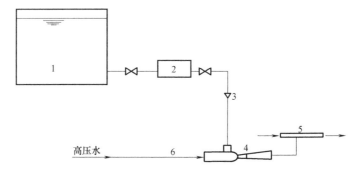

图 7-7　水射器投加混凝剂简图

1—溶液池　2—投药箱　3—漏斗　4—水射器（$DN40$）　5—压水管　6—高压水管

【解】

$DN40$ 水射器：1 个。

**实例 8：某垃圾填埋场场地整平的工程量计算**

某垃圾填埋场场地整平工程平面图为一矩形，长 15m，宽 6m。试计算场地整平的工程量。

【解】

场地整平的工程量 $= 15 \times 6$
$$= 90 \ (\text{m}^2)$$

**实例 9：某小型垃圾卫生填埋场监测井的工程量计算**

某生活垃圾处理工程有 4 个监测井，试计算监测井的工程量。

【解】

监测井的清单工程量：4 个。

**实例 10：某垃圾焚烧工程汽车衡的工程量计算**

某垃圾焚烧工程有 5 台汽车衡，宽 4m，长 8m，最大承重为 42t，试计算汽车衡的工程量。

【解】

汽车衡的工程量：5 台。

# 第8章 路灯工程清单工程量计算及实例

## 8.1 路灯工程清单工程量计算规则

### 1. 变配电设备工程

变配电设备工程工程量清单项目设置、项目特征描述的内容、计量单位及工程量计算规则，应按表8-1的规定执行。

**表8-1 变配电设备工程**（编码：040801）

| 项目编码 | 项目名称 | 项目特征 | 计量单位 | 工程量计算规则 | 工程内容 |
|---|---|---|---|---|---|
| 040801001 | 杆上变压器 | 1. 名称<br>2. 型号<br>3. 容量(kV·A)<br>4. 电压(kV)<br>5. 支架材质、规格<br>6. 网门、保护门材质、规格<br>7. 油过滤要求<br>8. 干燥要求 | | | 1. 支架制作、安装<br>2. 本体安装<br>3. 油过滤<br>4. 干燥<br>5. 网门、保护门制作、安装<br>6. 补刷(喷)油漆<br>7. 接地 |
| 040801002 | 地上变压器 | 1. 名称<br>2. 型号<br>3. 容量(kV·A)<br>4. 电压(kV)<br>5. 基础形式、材质、规格<br>6. 网门、保护门材质、规格<br>7. 油过滤要求<br>8. 干燥要求 | 台 | 按设计图示数量计算 | 1. 基础制作、安装<br>2. 本体安装<br>3. 油过滤<br>4. 干燥<br>5. 网门、保护门制作、安装<br>6. 补刷(喷)油漆<br>7. 接地 |
| 040801003 | 组合型成套箱式变电站 | 1. 名称<br>2. 型号<br>3. 容量(kV·A)<br>4. 电压(kV)<br>5. 组合形式<br>6. 基础形式、材质、规格 | | | 1. 基础制作、安装<br>2. 本体安装<br>3. 进箱母线安装<br>4. 补刷(喷)油漆<br>5. 接地 |
| 040801004 | 高压成套配电柜 | 1. 名称<br>2. 型号<br>3. 规格<br>4. 母线配置方式<br>5. 种类<br>6. 基础形式、材质、规格 | | | 1. 基础制作、安装<br>2. 本体安装<br>3. 补刷(喷)油漆<br>4. 接地 |

（续）

| 项目编码 | 项目名称 | 项目特征 | 计量单位 | 工程量计算规则 | 工程内容 |
|---|---|---|---|---|---|
| 040801005 | 低压成套控制柜 | 1. 名称<br>2. 型号<br>3. 规格<br>4. 种类<br>5. 基础形式、材质、规格<br>6. 接线端子材质、规格<br>7. 端子板外部接线材质、规格 | 台 | 按设计图示数量计算 | 1. 基础制作、安装<br>2. 本体安装<br>3. 附件安装<br>4. 焊、压接线端子<br>5. 端子接线<br>6. 补刷(喷)油漆<br>7. 接地 |
| 040801006 | 落地式控制箱 | 1. 名称<br>2. 型号<br>3. 规格<br>4. 基础形式、材质、规格<br>5. 回路<br>6. 附件种类、规格<br>7. 接线端子材质、规格<br>8. 端子板外部接线材质、规格 | | | |
| 040801007 | 杆上控制箱 | 1. 名称<br>2. 型号<br>3. 规格<br>4. 回路<br>5. 附件种类、规格<br>6. 支架材质、规格<br>7. 进出线管管架材质、规格、安装高度<br>8. 接线端子材质、规格<br>9. 端子板外部接线材质、规格 | | | 1. 支架制作、安装<br>2. 本体安装<br>3. 附件安装<br>4. 焊、压接线端子<br>5. 端子接线<br>6. 进出线管管架安装<br>7. 补刷(喷)油漆<br>8. 接地 |
| 040801008 | 杆上配电箱 | 1. 名称<br>2. 型号<br>3. 规格<br>4. 安装方式 | | | |
| 040801009 | 悬挂嵌入式配电箱 | 5. 支架材质、规格<br>6. 接线端子材质、规格<br>7. 端子板外部接线材质、规格 | | | 1. 支架制作、安装<br>2. 本体安装<br>3. 焊、压接线端子<br>4. 端子接线<br>5. 补刷(喷)油漆<br>6. 接地 |
| 040801010 | 落地式配电箱 | 1. 名称<br>2. 型号<br>3. 规格<br>4. 基础形式、材质、规格<br>5. 接线端子材质、规格<br>6. 端子板外部接线材质、规格 | | | |

（续）

| 项目编码 | 项目名称 | 项目特征 | 计量单位 | 工程量计算规则 | 工程内容 |
|---|---|---|---|---|---|
| 040801011 | 控制屏 | 1. 名称<br>2. 型号<br>3. 规格<br>4. 种类<br>5. 基础形式、材质、规格<br>6. 接线端子材质、规格<br>7. 端子板外部接线材质、规格<br>8. 小母线材质、规格<br>9. 屏边规格 | 台 | 按设计图示数量计算 | 1. 基础制作、安装<br>2. 本体安装<br>3. 端子板安装<br>4. 焊、压接线端子<br>5. 盘柜配线、端子接线<br>6. 小母线安装<br>7. 屏边安装<br>8. 补刷（喷）油漆<br>9. 接地 |
| 040801012 | 继电、信号屏 | | | | |
| 040801013 | 低压开关柜（配电屏） | 1. 名称<br>2. 型号<br>3. 规格<br>4. 种类<br>5. 基础形式、材质、规格<br>6. 接线端子材质、规格<br>7. 端子板外部接线材质、规格<br>8. 小母线材质、规格<br>9. 屏边规格 | | | 1. 基础制作、安装<br>2. 本体安装<br>3. 端子板安装<br>4. 焊、压接线端子<br>5. 盘柜配线、端子接线<br>6. 屏边安装<br>7. 补刷（喷）油漆<br>8. 接地 |
| 040801014 | 弱电控制返回屏 | 1. 名称<br>2. 型号<br>3. 规格<br>4. 种类<br>5. 基础形式、材质、规格<br>6. 接线端子材质、规格<br>7. 端子板外部接线材质、规格<br>8. 小母线材质、规格<br>9. 屏边规格 | | 按设计图示数量计算 | 1. 基础制作、安装<br>2. 本体安装<br>3. 端子板安装<br>4. 焊、压接线端子<br>5. 盘柜配线、端子接线<br>6. 小母线安装<br>7. 屏边安装<br>8. 补刷（喷）油漆<br>9. 接地 |
| 040801015 | 控制台 | 1. 名称<br>2. 型号<br>3. 规格<br>4. 种类<br>5. 基础形式、材质、规格<br>6. 接线端子材质、规格<br>7. 端子板外部接线材质、规格<br>8. 小母线材质、规格 | | | 1. 基础制作、安装<br>2. 本体安装<br>3. 端子板安装<br>4. 焊、压接线端子<br>5. 盘柜配线、端子接线<br>6. 小母线安装<br>7. 补刷（喷）油漆<br>8. 接地 |
| 040801016 | 电力电容器 | 1. 名称<br>2. 型号<br>3. 规格<br>4. 质量 | 个 | | 1. 本体安装、调试<br>2. 接线<br>3. 接地 |

（续）

| 项目编码 | 项目名称 | 项目特征 | 计量单位 | 工程量计算规则 | 工程内容 |
|---|---|---|---|---|---|
| 040801017 | 跌落式熔断器 | 1. 名称<br>2. 型号<br>3. 规格<br>4. 安装部位 | 组 | 按设计图示数量计算 | 1. 本体安装、调试<br>2. 接线<br>3. 接地 |
| 040801018 | 避雷器 | 1. 名称<br>2. 型号<br>3. 规格<br>4. 电压（kV）<br>5. 安装部位 | | | 1. 本体安装、调试<br>2. 接线<br>3. 补刷（喷）油漆<br>4. 接地 |
| 040801019 | 低压熔断器 | 1. 名称<br>2. 型号<br>3. 规格<br>4. 接线端子材质、规格 | 个 | | 1. 本体安装<br>2. 焊、压接线端子<br>3. 接线 |
| 040801020 | 隔离开关 | 1. 名称<br>2. 型号<br>3. 容量（A）<br>4. 电压（kV）<br>5. 安装条件<br>6. 操作机构名称、型号<br>7. 接线端子材质、规格 | 组 | | 1. 本体安装、调试<br>2. 接线<br>3. 补刷（喷）油漆<br>4. 接地 |
| 040801021 | 负荷开关 | | | | |
| 040801022 | 真空断路器 | | 台 | | |
| 040801023 | 限位开关 | 1. 名称<br>2. 型号<br>3. 规格<br>4. 接线端子材质、规格 | 个 | | 1. 本体安装<br>2. 焊、压接线端子<br>3. 接线 |
| 040801024 | 控制器 | | 台 | | |
| 040801025 | 接触器 | | | | |
| 040801026 | 磁力启动器 | | | | |
| 040801027 | 分流器 | 1. 名称<br>2. 型号<br>3. 规格<br>4. 容量（A）<br>5. 接线端子材质、规格 | 个 | | |
| 040801028 | 小电器 | 1. 名称<br>2. 型号<br>3. 规格<br>4. 接线端子材质、规格 | 个（套、台） | 按设计图示数量计算 | 1. 本体安装<br>2. 焊、压接线端子<br>3. 接线 |
| 040801029 | 照明开关 | 1. 名称<br>2. 材质<br>3. 规格<br>4. 安装方式 | 个 | 按设计图示数量计算 | 1. 本体安装<br>2. 接线 |
| 040801030 | 插座 | | | | |
| 040801031 | 线缆断线报警装置 | 1. 名称<br>2. 型号<br>3. 规格<br>4. 参数 | 套 | | 1. 本体安装、调试<br>2. 接线 |

（续）

| 项目编码 | 项目名称 | 项目特征 | 计量单位 | 工程量计算规则 | 工程内容 |
|---|---|---|---|---|---|
| 040801032 | 铁构件制作、安装 | 1. 名称<br>2. 材质<br>3. 规格 | kg | 按设计图示尺寸以质量计算 | 1. 制作<br>2. 安装<br>3. 补刷（喷）油漆 |
| 040801033 | 其他电器 | 1. 名称<br>2. 型号<br>3. 规格<br>4. 安装方式 | 个（套、台） | 按设计图示数量计算 | 1. 本体安装<br>2. 接线 |

注：1. 小电器包括按钮、测量表计、继电器、电磁锁、屏上辅助设备、辅助电压互感器、小型安全变压器等。
　　2. 其他电器安装是指未列的电器项目，必须根据电器实际名称确定项目名称。明确描述项目特征、计量单位、工程量计算规则、工作内容。
　　3. 铁构件制作、安装适用于路灯工程的各种支架、铁构件的制作、安装。
　　4. 设备安装未包括地脚螺栓安装、浇筑（二次灌浆、抹面），如需安装应按现行国家标准《房屋建筑与装饰工程工程量计算规范》（GB 50854—2013）中相关项目编码列项。
　　5. 盘、箱、柜的外部进出线预留长度见表8-2。

**表8-2　盘、箱、柜的外部进出线预留长度**

| 序号 | 项目 | 预留长度（m/根） | 说明 |
|---|---|---|---|
| 1 | 各种箱、柜、盘、板、盒 | 高 + 宽 | 盘面尺寸 |
| 2 | 单独安装的铁壳开关、自动开关、刀开关、启动器、箱式电阻器、变阻器 | 0.5 | 从安装对象中心算起 |
| 3 | 继电器、控制开关、信号灯、按钮、熔断器等小电器 | 0.3 | |
| 4 | 分支接头 | 0.2 | 分支线预留 |

## 2. 10kV 以下架空线路工程

10kV 以下架空线路工程工程量清单项目设置、项目特征描述的内容、计量单位及工程量计算规则，应按表8-3 的规定执行。

**表8-3　10kV 以下架空线路工程**（编码：040802）

| 项目编码 | 项目名称 | 项目特征 | 计量单位 | 工程量计算规则 | 工程内容 |
|---|---|---|---|---|---|
| 040802001 | 电杆组立 | 1. 名称<br>2. 规格<br>3. 材质<br>4. 类型<br>5. 地形<br>6. 土质<br>7. 底盘、拉盘、卡盘规格<br>8. 拉线材质、规格、类型<br>9. 引下线支架安装高度<br>10. 垫层、基础:厚度、材料品种、强度等级<br>11. 电杆防腐要求 | 根 | 按设计图示数量计算 | 1. 工地运输<br>2. 垫层、基础浇筑<br>3. 底盘、拉盘、卡盘安装<br>4. 电杆组立<br>5. 电杆防腐<br>6. 拉线制作、安装<br>7. 引下线支架安装 |

（续）

| 项目编码 | 项目名称 | 项目特征 | 计量单位 | 工程量计算规则 | 工程内容 |
|---|---|---|---|---|---|
| 040802002 | 横担组装 | 1. 名称<br>2. 规格<br>3. 材质<br>4. 类型<br>5. 安装方式<br>6. 电压(kV)<br>7. 瓷瓶型号、规格<br>8. 金具型号、规格 | 组 | 按设计图示数量计算 | 1. 横担安装<br>2. 瓷瓶、金具组装 |
| 040802003 | 导线架设 | 1. 名称<br>2. 型号<br>3. 规格<br>4. 地形<br>5. 导线跨越类型 | km | 按设计图示尺寸另加预留量以单线长度计算 | 1. 工地运输<br>2. 导线架设<br>3. 导线跨越及进户线架设 |

注：架空导线预留长度见表8-4。

**表8-4　架空导线预留长度**

| 项目 | | 预留长度/(m/根) |
|---|---|---|
| 高压 | 转角 | 2.5 |
| | 分支、终端 | 2.0 |
| 低压 | 分支、终端 | 0.5 |
| | 交叉跳线转角 | 1.5 |
| 与设备连线 | | 0.5 |
| 进户线 | | 2.5 |

### 3. 电缆工程

电缆工程工程量清单项目设置、项目特征描述的内容、计量单位及工程量计算规则，应按表8-5的规定执行。

**表8-5　电缆工程**（编码：040803）

| 项目编码 | 项目名称 | 项目特征 | 计量单位 | 工程量计算规则 | 工程内容 |
|---|---|---|---|---|---|
| 040803001 | 电缆 | 1. 名称<br>2. 型号<br>3. 规格<br>4. 材质<br>5. 敷设方式、部位<br>6. 电压(kV)<br>7. 地形 | m | 按设计图示尺寸另加预留及附加量以长度计算 | 1. 揭(盖)盖板<br>2. 电缆敷设 |
| 040803002 | 电缆保护管 | 1. 名称<br>2. 型号<br>3. 规格<br>4. 材质<br>5. 敷设方式<br>6. 过路管加固要求 | | 按设计图示尺寸以长度计算 | 1. 保护管敷设<br>2. 过路管加固 |
| 040803003 | 电缆排管 | 1. 名称<br>2. 型号<br>3. 规格<br>4. 材质<br>5. 垫层、基础：厚度、材料品种、强度等级<br>6. 排管排列形式 | | | 1. 垫层、基础浇筑<br>2. 排管敷设 |
| 040803004 | 管道包封 | 1. 名称<br>2. 规格<br>3. 混凝土强度等级 | | | 1. 灌注<br>2. 养护 |

（续）

| 项目编码 | 项目名称 | 项目特征 | 计量单位 | 工程量计算规则 | 工程内容 |
|---|---|---|---|---|---|
| 040803005 | 电缆终端头 | 1. 名称<br>2. 型号<br>3. 规格<br>4. 材质、类型<br>5. 安装部位<br>6. 电压（kV） | 个 | 按设计图示数量计算 | 1. 制作<br>2. 安装<br>3. 接地 |
| 040803006 | 电缆中间头 | 1. 名称<br>2. 型号<br>3. 规格<br>4. 材质、类型<br>5. 安装方式<br>6. 电压（kV） | | | |
| 040803007 | 铺砂、盖保护板（砖） | 1. 种类<br>2. 规格 | m | 按设计图示尺寸以长度计算 | 1. 铺砂<br>2. 盖保护板（砖） |

注：1. 电缆穿刺线夹按电缆中间头编码列项。

2. 电缆保护管敷设方式清单项目特征描述时应区分直埋保护管、过路保护管。

3. 顶管敷设应按"管道铺设"中相关项目编码列项。

4. 电缆井应按"管道附属构筑物"中相关项目编码列项，如有防盗要求的应在项目特征中描述。

5. 电缆敷设预留量及附加长度见表8-6。

表8-6 电缆敷设预留量及附加长度

| 序号 | 项 目 | 预留（附加）长度/m | 说 明 |
|---|---|---|---|
| 1 | 电缆敷设弛度、波形弯度、交叉 | 2.5% | 按电缆全长计算 |
| 2 | 电缆进入建筑物 | 2.0 | 规范规定最小值 |
| 3 | 电缆进入沟内或吊架时引上（下）预留 | 1.5 | 规范规定最小值 |
| 4 | 变电所进线、出线 | 1.5 | 规范规定最小值 |
| 5 | 电力电缆终端头 | 1.5 | 检修余量最小值 |
| 6 | 电缆中间接头盒 | 两端各留2.0 | 检修余量最小值 |
| 7 | 电缆进控制、保护屏及模拟盘等 | 高＋宽 | 按盘面尺寸 |
| 8 | 高压开关柜及低压配电盘、箱 | 2.0 | 盘上进出线 |
| 9 | 电缆至电动机 | 0.5 | 从电动机接线盒算起 |
| 10 | 厂用变压器 | 3.0 | 从地坪算起 |
| 11 | 电缆绕过梁柱等增加长度 | 按实计算 | 按被绕物的断面情况计算增加长度 |

### 4. 配管、配线工程

配管、配线工程工程量清单项目设置、项目特征描述的内容、计量单位及工程量计算规则，应按表8-7的规定执行。

表8-7　配管、配线工程（编码：040804）

| 项目编码 | 项目名称 | 项目特征 | 计量单位 | 工程量计算规则 | 工程内容 |
|---|---|---|---|---|---|
| 040804001 | 配管 | 1. 名称<br>2. 材质<br>3. 规格<br>4. 配置形式<br>5. 钢索材质、规格<br>6. 接地要求 | m | 按设计图示尺寸以长度计算 | 1. 预留沟槽<br>2. 钢索架设（拉紧装置安装）<br>3. 电线管路敷设<br>4. 接地 |
| 040804002 | 配线 | 1. 名称<br>2. 配线形式<br>3. 型号<br>4. 规格<br>5. 材质<br>6. 配线部位<br>7. 配线线制<br>8. 钢索材质、规格 | | 按设计图示尺寸另加预留量以单线长度计算 | 1. 钢索架设（拉紧装置安装）<br>2. 支持体（绝缘子等）安装<br>3. 配线 |
| 040804003 | 接线箱 | 1. 名称<br>2. 规格<br>3. 材质<br>4. 安装形式 | 个 | 按设计图示数量计算 | 本体安装 |
| 040804004 | 接线盒 | | | | |
| 040804005 | 带形母线 | 1. 名称<br>2. 型号<br>3. 规格<br>4. 材质<br>5. 绝缘子类型、规格<br>6. 穿通板材质、规格<br>7. 引下线材质、规格<br>8. 伸缩节、过渡板材质、规格<br>9. 分相漆品种 | m | 按设计图示尺寸另加预留量以单相长度计算 | 1. 支持绝缘子安装及耐压试验<br>2. 穿通板制作、安装<br>3. 母线安装<br>4. 引下线安装<br>5. 伸缩节安装<br>6. 过渡板安装<br>7. 拉紧装置安装<br>8. 刷分相漆 |

注：1. 配管安装不扣除管路中间的接线箱（盒）、灯头盒、开关盒所占长度。
　　2. 配管名称是指电线管、钢管、塑料管等。
　　3. 配管配置形式是指明、暗配、钢结构支架、钢索配管、埋地敷设、水下敷设、砌筑沟内敷设等。
　　4. 配线名称是指管内穿线、塑料护套配线等。
　　5. 配线形式是指照明线路、木结构、砖、混凝土结构、沿钢索等。
　　6. 配线进入箱、柜、板的预留长度见表8-8，母线配置安装的预留长度见表8-9。

表8-8　配线进入箱、柜、板的预留长度（每一根线）

| 序号 | 项目 | 预留长度/m | 说明 |
|---|---|---|---|
| 1 | 各种开关箱、柜、板 | 高＋宽 | 盘面尺寸 |
| 2 | 单独安装（无箱、盘）的铁壳开关、闸刀开关、启动器、线槽进出线盒等 | 0.3 | 从安装对象中心算起 |
| 3 | 由地面管道出口引至动力接线箱 | 1.0 | 从管口计算 |
| 4 | 电源与管内导线连接（管内穿线与软、硬、母线接点） | 1.5 | 从管口计算 |

表8-9　母线配置安装的预留长度

| 序号 | 项目 | 预留长度/m | 说明 |
|---|---|---|---|
| 1 | 带形母线终端 | 0.3 | 从最后一个支持点算起 |
| 2 | 带形母线与分支线连接 | 0.5 | 分支线预留 |
| 3 | 带形母线与设备连接 | 0.5 | 从设备端子接口算起 |
| 4 | 接地母线、引下线附加长度 | 3.9% | 按接地母线、引下线全长计算 |

## 5. 照明器具安装工程

照明器具安装工程工程量清单项目设置、项目特征描述的内容、计量单位及工程量计算规则，应按表8-10的规定执行。

表8-10 照明器具安装工程（编码：040805）

| 项目编码 | 项目名称 | 项目特征 | 计量单位 | 工程量计算规则 | 工程内容 |
|---|---|---|---|---|---|
| 040805001 | 常规照明灯 | 1. 名称<br>2. 型号<br>3. 灯杆材质、高度<br>4. 灯杆编号<br>5. 灯架形式及臂长<br>6. 光源数量<br>7. 附件配置<br>8. 垫层、基础:厚度、材料品种、强度等级<br>9. 杆座形式、材质、规格<br>10. 接线端子材质、规格<br>11. 编号要求<br>12. 接地要求 | 套 | 按设计图示数量计算 | 1. 垫层铺筑<br>2. 基础制作、安装<br>3. 立灯杆<br>4. 杆座制作、安装<br>5. 灯架制作、安装<br>6. 灯具附件安装<br>7. 焊、压接线端子<br>8. 接线<br>9. 补刷（喷）油漆<br>10. 灯杆编号<br>11. 接地<br>12. 试灯 |
| 040805002 | 中杆照明灯 | | | | |
| 040805003 | 高杆照明灯 | | | | 1. 垫层铺筑<br>2. 基础制作、安装<br>3. 立灯杆<br>4. 杆座制作、安装<br>5. 灯架制作、安装<br>6. 灯具附件安装<br>7. 焊、压接线端子<br>8. 接线<br>9. 补刷（喷）油漆<br>10. 灯杆编号<br>11. 升降机构接线调试<br>12. 接地<br>13. 试灯 |
| 040805004 | 景观照明灯 | 1. 名称<br>2. 型号<br>3. 规格<br>4. 安装形式<br>5. 接地要求 | 1. 套<br>2. m | 1. 以套计量,按设计图示数量计算<br>2. 以米计量,按设计图示尺寸以延长米计算 | 1. 灯具安装<br>2. 焊、压接线端子<br>3. 接线<br>4. 补刷（喷）油漆<br>5. 接地<br>6. 试灯 |
| 040805005 | 桥栏杆照明灯 | 1. 名称<br>2. 型号<br>3. 规格<br>4. 安装形式<br>5. 接地要求 | 套 | 按设计图示数量计算 | |
| 040805006 | 地道涵洞照明灯 | | | | |

注：1. 常规照明灯是指安装在高度≤15m的灯杆上的照明器具。
2. 中杆照明灯是指安装在高度≤19m的灯杆上的照明器具。
3. 高杆照明灯是指安装在高度>19m的灯杆上的照明器具。
4. 景观照明灯是指利用不同的造型、相异的光色与亮度来造景的照明器具。

### 6. 防雷接地装置工程

防雷接地装置工程工程量清单项目设置、项目特征描述的内容、计量单位及工程量计算规则，应按表 8-11 的规定执行。

表 8-11　防雷接地装置工程（编码：040806）

| 项目编码 | 项目名称 | 项目特征 | 计量单位 | 工程量计算规则 | 工程内容 |
|---|---|---|---|---|---|
| 040806001 | 接地极 | 1. 名称<br>2. 材质<br>3. 规格<br>4. 土质<br>5. 基础接地形式 | 根（块） | 按设计图示数量计算 | 1. 接地极（板、桩）制作、安装<br>2. 补刷（喷）油漆 |
| 040806002 | 接地母线 | 1. 名称<br>2. 材质<br>3. 规格 | m | 按设计图示尺寸另加附加量以长度计算 | 1. 接地母线制作、安装<br>2. 补刷（喷）油漆 |
| 040806003 | 避雷引下线 | 1. 名称<br>2. 材质<br>3. 规格<br>4. 安装高度<br>5. 安装形式<br>6. 断接卡子、箱材质、规格 | | | 1. 避雷引下线制作、安装<br>2. 断接卡子、箱制作、安装<br>3. 补刷（喷）油漆 |
| 040806004 | 避雷针 | 1. 名称<br>2. 材质<br>3. 规格<br>4. 安装高度<br>5. 安装形式 | 套（基） | 按设计图示数量计算 | 1. 本体安装<br>2. 跨接<br>3. 补刷（喷）油漆 |
| 040806005 | 降阻剂 | 名称 | kg | 按设计图示数量以质量计算 | 施放降阻剂 |

注：接地母线、引下线附加长度见表 8-9。

### 7. 电气调整试验

电气调整试验工程量清单项目设置、项目特征描述的内容、计量单位及工程量计算规则，应按表 8-12 的规定执行。

表 8-12　电气调整试验（编码：040807）

| 项目编码 | 项目名称 | 项目特征 | 计量单位 | 工程量计算规则 | 工程内容 |
|---|---|---|---|---|---|
| 040807001 | 变压器系统调试 | 1. 名称<br>2. 型号<br>3. 容量(kV·A) | 系统 | 按设计图示数量计算 | 系统调试 |
| 040807002 | 供电系统调试 | 1. 名称<br>2. 型号<br>3. 电压(kV) | 系统 | | |
| 040807003 | 接地装置调试 | 1. 名称<br>2. 类别 | 系统（组） | | 接地电阻测试 |
| 040807004 | 电缆试验 | 1. 名称<br>2. 电压(kV) | 次<br>（根、点） | | 试验 |

**8. 清单相关问题及说明**

1）路灯工程清单项目工作内容中均未包括土石方开挖及回填、破除混凝土路面等，发生时应按"土石方工程"及"拆除工程"中相关项目编码列项。

2）路灯工程清单项目工作内容中均未包括除锈、刷漆（补刷漆除外），发生时应按现行国家标准《通用安装工程工程量计算规范》（GB 50856—2013）中相关项目编码列项。

3）路灯工程清单项目工作内容包含补漆的工序，可不进行特征描述，由投标人根据相关规范标准自行考虑报价。

4）路灯工程中的母线、电线、电缆、架空导线等，按表8-2、表8-4、表8-6、表8-8、表8-9的规定计算附加长度（波形长度或预留量）计入工程量中。

# 8.2　路灯工程工程量清单编制实例

### 实例1：某路灯工程地上变压器的工程量清单编制

某市政路灯工程需要安装8台型号为SG-100kV·A/10-0.4kV的地上变压器。由于工程时间紧急，因此需要尽快安装完成，请根据已知条件，计算其工程量。

【解】

地上变压器工程量：8台。

工程量清单计算表见表8-13。

表8-13　工程量清单计算表

| 项目编码 | 项目名称 | 项目特征描述 | 计量单位 | 工程量 |
|---|---|---|---|---|
| 040801002001 | 地上变压器 | 1. 名称:干式电力变压器<br>2. 型号:SG-100kV·A/10-0.4kV | 台 | 8 |

### 实例2：某管形避雷器的工程量计算

某管形避雷器如图8-1所示，某工程有4组这样的管形避雷器，试计算管形避雷器的工程量。

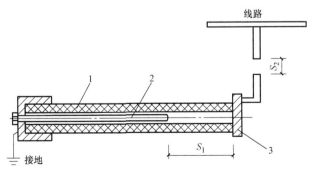

图8-1　管形避雷器

1—产气管　2—内部电极　3—外部电极

$S_1$—内部间隙　$S_2$—外部间隙

**【解】**

避雷器的工程量：4 组。

### 实例 3：某路灯工程架设导线工程量计算

某工程架设导线，采用 BLV 型铝芯绝缘导线，共架设长 1750m，试计算导线架设工程量。

**【解】**

架设导线的工程量：1750m。

### 实例 4：某路灯工程采用铝制带形母线的工程量计算

某工程采用铝制带形母线共 1450m，其规格为 120mm×35mm（宽×厚），试计算带形母线的工程量。

**【解】**

带形母线的工程量：1450m。

### 实例 5：某道路工程高杆照明灯安装的工程量计算

某道路工程采用 6 套高杆灯照明，有 8 个灯头，灯架为成套升降型。已知杆高为 42m，混凝土基础，试计算该高杆灯安装的工程量。

**【解】**

高杆照明灯安装工程量：6 套。

### 实例 6：某市政路灯工程安装干式电力变压器的工程计算

某市政路灯工程需要安装 7 台型号为 SG-100kV·A/10-0.4kV 的干式电力变压器。由于工程时间紧急，因此需要尽快安装完成，请根据已知条件，计算其工程量。

**【解】**

干式电力变压器工程量：7 台。

# 第9章 钢筋与拆除工程清单工程量计算及实例

## 9.1 钢筋与拆除工程清单工程量计算规则

### 1. 钢筋工程

钢筋工程工程量清单项目设置、项目特征描述的内容、计量单位及工程量计算规则，应按表 9-1 的规定执行。

**表 9-1 钢筋工程**（编码：040901）

| 项目编码 | 项目名称 | 项目特征 | 计量单位 | 工程量计算规则 | 工程内容 |
|---|---|---|---|---|---|
| 040901001 | 现浇构件钢筋 | 1. 钢筋种类<br>2. 钢筋规格 | | | 1. 制作<br>2. 运输<br>3. 安装 |
| 040901002 | 预制构件钢筋 | | | | |
| 040901003 | 钢筋网片 | | | | |
| 040901004 | 钢筋笼 | | | 按设计图示尺寸以质量计算 | |
| 040901005 | 先张法预应力钢筋（钢丝、钢绞线） | 1. 部位<br>2. 预应力筋种类<br>3. 预应力筋规格 | t | | 1. 张拉台座制作、安装、拆除<br>2. 预应力筋制作、张拉 |
| 040901006 | 后张法预应力钢筋（钢丝束、钢绞线） | 1. 部位<br>2. 预应力筋种类<br>3. 预应力筋规格<br>4. 锚具种类、规格<br>5. 砂浆强度等级<br>6. 压浆管材质、规格 | | | 1. 预应力筋孔道制作、安装<br>2. 锚具安装<br>3. 预应力筋制作、张拉<br>4. 安装压浆管道<br>5. 孔道压浆 |
| 040901007 | 型钢 | 1. 材料种类<br>2. 材料规格 | | | 1. 制作<br>2. 运输<br>3. 安装、定位 |
| 040901008 | 植筋 | 1. 材料种类<br>2. 材料规格<br>3. 植入深度<br>4. 植筋胶品种 | 根 | 按设计图示数量计算 | 1. 定位、钻孔、清孔<br>2. 钢筋加工成型<br>3. 注胶、植筋<br>4. 抗拔试验<br>5. 养护 |
| 040901009 | 预埋铁件 | 1. 材料种类<br>2. 材料规格 | t | 按设计图示尺寸以质量计算 | 1. 制作<br>2. 运输<br>3. 安装 |
| 040901010 | 高强螺栓 | | 1. t<br>2. 套 | 1. 按设计图示尺寸以质量计算<br>2. 按设计图示数量计算 | |

注：1. 现浇构件中伸出构件的锚固钢筋、预制构件的吊钩和固定位置的支撑钢筋等，应并入钢筋工程量内。除设计标明的搭接外，其他施工搭接不计算工程量，由投标人在报价中综合考虑。
    2. "钢筋工程"所列"型钢"是指劲性骨架的型钢部分。
    3. 凡型钢与钢筋组合（除预埋铁件外）的钢格栅，应分别列项。

### 2. 拆除工程

拆除工程工程量清单项目设置、项目特征描述的内容、计量单位及工程量计算规则，应按表 9-2 的规定执行。

表 9-2　拆除工程（编码：041001）

| 项目编码 | 项目名称 | 项目特征 | 计量单位 | 工程量计算规则 | 工程内容 |
|---|---|---|---|---|---|
| 041001001 | 拆除路面 | 1. 材质<br>2. 厚度 | $m^2$ | 按拆除部位以面积计算 | 1. 拆除、清理<br>2. 运输 |
| 041001002 | 拆除人行道 | | | | |
| 041001003 | 拆除基层 | 1. 材质<br>2. 厚度<br>3. 部位 | | | |
| 041001004 | 铣刨路面 | 1. 材质<br>2. 结构形式<br>3. 厚度 | | | |
| 041001005 | 拆除侧、平(缘)石 | 材质 | m | 按拆除部位以延长米计算 | |
| 041001006 | 拆除管道 | 1. 材质<br>2. 管径 | | | |
| 041001007 | 拆除砖石结构 | 1. 结构形式<br>2. 强度等级 | $m^3$ | 按拆除部位以体积计算 | 1. 拆除、清理<br>2. 运输 |
| 041001008 | 拆除混凝土结构 | | | | |
| 041001009 | 拆除井 | 1. 结构形式<br>2. 规格尺寸<br>3. 强度等级 | 座 | 按拆除部位以数量计算 | |
| 041001010 | 拆除电杆 | 1. 结构形式<br>2. 规格尺寸 | 根 | | |
| 041001011 | 拆除管片 | 1. 材质<br>2. 部位 | 处 | | |

注：1. 拆除路面、人行道及管道清单项目的工作内容中均不包括基础及垫层拆除，发生时按本书相应清单项目编码列项。
　　2. 伐树、挖树兜应按现行国家标准《园林绿化工程工程量计算规范》（GB 50858—2013）中相应清单项目编码列项。

## 9.2　钢筋与拆除工程工程量清单编制实例

### 实例 1：某桥梁工程的配螺旋箍筋工程量计算

某桥梁工程的 14 根支撑柱需要配螺旋箍筋，如图 9-1 所示，试计算工程量。

【解】

$$螺旋箍筋工程量 = \sqrt{1 + \left[\frac{3 \cdot 14 - (1500 - 50)}{200}\right]^2} \times 10 \times 0.888 \times 14$$

$$= 7.303 \times 10 \times 0.888 \times 14$$

$$= 907.909 \ (\text{kg})$$

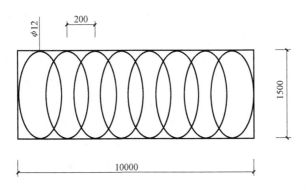

图 9-1　某工程支撑柱螺旋箍筋示意图（单位：mm）

【注释】　螺旋箍筋工程量的计算公式：$\sqrt{1+\left[\dfrac{\pi-(D-50)}{b}\right]^{2}}\times H\times$单位重量。（本题中单位重量为 0.888）

式中　$D$——桩直径，mm；
　　　$b$——螺距，mm；
　　　$H$——钢筋笼高度，m。

## 实例 2：某市政工程拆除路面的工程量计算

某一街道位于城市的繁华市区，交通拥挤，所以路面损坏严重，需维修改造。原路长 620m，车行道宽 15m，每侧人行道宽 3m。根据原资料档案调查知此路原结构为：20cm 混凝土面层，10cm 级配碎石层；原路沿石为 200mm×200mm 混凝土条石；人行道板 8cm 厚，其底部 10cm 稳定粉质砂土层。此道路拆除的建筑垃圾须全部外运，运距 10km。计算其拆除与运输工程量。

【解】

（1）车行道混凝土路面拆除

1）机械拆除混凝土路面（厚 20cm）的工程量 = 620×15

= 9300（m²），即 93（100m²）。

2）装载机装拆除物的工程量 = 620×15×0.2

= 1860（m³），即 18.6（100m³）。

3）自卸车运拆除物（10km）的工程量 = 620×15×0.2

= 1860（m³），即 18.6（100m³）。

（2）车行道级配碎石层拆除

1）机械拆除级配碎石基层（厚 10cm）的工程量 = 620×15

= 9300（m²），即 93（100m²）。

2）装载机装拆除物的工程量 = 620×15×0.1

= 930（m³），即 9.3（100m³）。

3）自卸车运拆除物（10km）的工程量 $= 620 \times 15 \times 0.1$

$\qquad = 930$（$m^3$），即 9.3（$100m^3$）。

（3）人行道稳定粉质砂土层拆除

1）人工拆除稳定粉质砂土基层（厚 10cm）的工程量 $= 620 \times (3 - 0.2) \times 2$

$\qquad = 3472(m^2)$，即 34.72($100m^2$)。

2）人力装拆除物的工程量 $= 620 \times (3 - 0.2) \times 2 \times 0.1$

$\qquad = 347.2$（$m^3$），即 3.472（$100m^3$）

3）自卸车运拆除物（10km）的工程量 $= 620 \times (3 - 0.2) \times 2 \times 0.1$

$\qquad = 347.2(m^3)$，即 3.472($100m^3$)。

（4）人行道板拆除

1）人工拆除人行道板（厚 8cm）的工程量 $= 620 \times (3 - 0.2) \times 2$

$\qquad = 3472(m^2)$，即 34.72（$100m^2$)。

2）装载机装拆除物的工程量 $= 620 \times (3 - 0.2) \times 2 \times 0.08$

$\qquad = 277.76(m^3)$，即 2.78（$100m^3$)

3）自卸车运拆除物（10km）的工程量 $= 620 \times (3 - 0.2) \times 2 \times 0.08$

$\qquad = 277.76(m^3)$，即 2.78（$100m^3$)。

（5）路缘石拆除

1）拆除路缘石工程量 $= 620 \times 2$

$\qquad = 1240(m)$，即 12.4（100m）。

2）装载机装拆除物工程量 $= 620 \times 2 \times 0.2 \times 0.2$

$\qquad = 49.6$（$m^3$），即 0.50（$100m^3$)。

3）自卸车运拆除物（10km）的工程量 $= 620 \times 2 \times 0.2 \times 0.2$

$\qquad = 49.6$（$m^3$），即 0.50（$100m^3$)。

## 实例 3：某市政水池拆除工程量计算

某市政水池平面图如图 9-2 所示，长 8.7m，宽 6.5m，围护高度为 800mm，围护厚度为 250mm，水池底层是 C10 混凝土垫层 100mm，计算该拆除工程量。

【解】

（1）拆除水池砖砌体工程量

$(8.7 + 6.5) \times 2 \times 0.25 \times 0.8 = 6.08$（$m^3$）

（2）拆除水池 C10 混凝土垫层的工程量

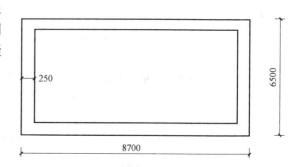

图 9-2　某市政水池平面图（单位：mm）

$(8.7 - 0.25 \times 2) \times (6.5 - 0.25 \times 2) \times 0.1 = 8.2 \times 6 \times 0.1 = 4.92$（$m^3$）

（3）拆除水池砌体，残渣外运工程量为 6.08$m^3$。

（4）拆除水池 C10 混凝土垫层，残渣外运工程量为 4.92m³。

### 实例4：某桥梁工程其钢筋工程的分部分项工程量清单编制

某桥梁工程，其钢筋工程的分部分项工程量清单见表9-3，试编制分部分项工程量清单。（其中管理费按直接费的15%、利润按直接费的7%计取）

**表9-3　分部分项工程量清单**

| 序号 | 项目编码 | 项目名称 | 数量 | 单位 |
|---|---|---|---|---|
| 1 | 040901001001 | 现浇构件钢筋（现浇部分 φ10 以内） | 1.62 | t |
| 2 | 040901001002 | 现浇构件钢筋（现浇部分 φ10 以外） | 7.03 | t |
| 3 | 040901002001 | 预制构件钢筋（预制部分 φ10 以内） | 11.2 | t |
| 4 | 040901002002 | 预制构件钢筋（预制部分 φ10 以外） | 36.87 | t |
| 5 | 040901009001 | 预埋铁件 | 2.82 | t |

**【解】**

工程量清单计算见表9-4。

**表9-4　工程量清单计算表**

| 序号 | 项目编号 | 项目名称 | 项目特征描述 | 计量单位 | 工程量 |
|---|---|---|---|---|---|
| 1 | 040901001001 | 现浇构件钢筋 | 1. 钢筋种类：现浇混凝土钢筋（非预应力钢筋）<br>2. 钢筋规格：现浇部分 φ10 以内 | t | 1.62 |
| 2 | 040901001002 | 现浇构件钢筋 | 1. 钢筋种类：现浇混凝土钢筋（非预应力钢筋）<br>2. 钢筋规格：现浇部分 φ10 以外 | t | 7.03 |
| 3 | 040901002001 | 预制构件钢筋 | 1. 钢筋种类：预制混凝土钢筋（非预应力钢筋）<br>2. 钢筋规格：预制部分 φ10 以内 | t | 11.2 |
| 4 | 040901002002 | 预制构件钢筋 | 1. 钢筋种类：预制混凝土钢筋（非预应力钢筋）<br>2. 钢筋规格：预制部分 φ10 以外 | t | 36.87 |
| 5 | 040901009001 | 预埋铁件 | 预埋铁件 | t | 2.82 |

# 第10章 市政工程工程量清单计价编制实例

## 10.1 市政工程工程量清单编制实例

现以某市道路改造工程为例介绍工程量清单编制（由委托工程造价咨询人编制）。

### 1. 封面

<u>　　某市道路改造　　</u>工程

招 标 工 程 量 清 单

招 标 人：<u>　　　　某市委办公室　　　　　　　</u>
（单位盖章）

造价咨询人：<u>　　××工程造价咨询企业　　　　　</u>
（单位盖章）

××年×月×日

## 2. 扉页

### 扉-1　招标工程量清单扉页

　　　　　　　　　　　　__某市道路改造__　工程

　　　　　　　　　　招 标 工 程 量 清 单

招标人：　　__某市委办公室__　　　　　　造价咨询人：　　__××工程造价咨询企业__
　　　　　　（单位盖章）　　　　　　　　　　　　　　　（单位资质专用章）

法定代表人　　　　××单位　　　　　　法定代表人
或其授权人：　　　　　　××× 　　　　或其授权人：　　__××工程造价咨询企业__
　　　　　　（签字或盖章）　　　　　　　　　　　　（签字或盖章）

编 制 人：　　　　　　×××　　　　　　复 核 人：　　　　　×××
　　　　　（造价人员签字盖专用章）　　　　　　　（造价工程师签字盖专用章）

编制时间：××年×月×日　　　　　　　　复核时间：××年×月×日

## 3. 总说明

### 表-01　总 说 明

工程名称：某市道路改造工程　　　　　　　　　　　　　　　　　　　第1页 共1页

　　1. 工程概况：某市道路全长6km，路宽70m。8车道，其中有大桥，上部结构为预应力混凝土T形梁，梁高为1.2m，跨径为1m×22m+6m×20m，桥梁全长164m。下部结构，中墩为桩接柱，柱顶盖梁；边墩为重力桥台。墩柱直径为1.2m，转孔桩直径为1.3m。施工工期为1年。
　　2. 招标范围：道路工程、桥梁工程和排水工程。
　　3. 清单编制依据：本工程依据《建设工程工程量清单计价规范》（GB 50500—2013）中规定的工程量清单计价的办法，依据××单位设计的施工设计图样、施工组织设计等计算实物工程量。
　　4. 工程质量应达优良标准。
　　5. 考虑施工中可能发生的设计变更或清单有误，预留金1500000万元。
　　6. 投标人的投标文件应按《建设工程工程量清单计价规范》（GB 50500—2013）规定的统一格式，提供"分部分项工程和单价措施项目清单与计价表""措施项目清单与计价表"。
　　7. 其他（略）。

## 4. 分部分项工程和单价措施项目清单与计价表

**表-08 分部分项工程和单价措施项目清单与计价表（一）**

工程名称：某市道路改造工程　　　　　　　　标段：　　　　　　第1页　共5页

| 序号 | 项目编码 | 项目名称 | 项目特征描述 | 计量单位 | 工程量 | 金额/元 | | |
| --- | --- | --- | --- | --- | --- | --- | --- | --- |
| | | | | | | 综合单价 | 合价 | 其中 |
| | | | | | | | | 暂估价 |
| | | | 0401 土石方工程 | | | | | |
| 1 | 040101001001 | 挖一般土方 | 1. 土壤类别：一、二类土<br>2. 挖土深度：4m 以内 | m³ | 142100.00 | | | |
| 2 | 040101002001 | 挖沟槽土方 | 1. 土壤类别：三、四类土<br>2. 挖土深度：4m 以内 | m³ | 2493.00 | | | |
| 3 | 040101002002 | 挖沟槽土方 | 1. 土壤类别：三、四类土<br>2. 挖土深度：3m 以内 | m³ | 837.00 | | | |
| 4 | 040101002003 | 挖沟槽土方 | 1. 土壤类别：三、四类土<br>2. 挖土深度：6m 以内 | m³ | 2837.00 | | | |
| 5 | 040103001001 | 回填方 | 密实度：90% 以上 | m³ | 8500.00 | | | |
| 6 | 040103001002 | 回填方 | 1. 密实度：90% 以上<br>2. 填方材料品种：二灰土 12:35:53 | m³ | 7700.00 | | | |
| 7 | 040103001003 | 回填方 | 填方材料品种：砂砾石 | m³ | 208.00 | | | |
| 8 | 040103001004 | 回填方 | 1. 密实度：≥96%<br>2. 填方粒径：粒径 5~80cm<br>3. 填方材料品种：砂砾石 | m³ | 3631.00 | | | |
| 9 | 040103002001 | 余方弃置 | 1. 废弃料品种：松土<br>2. 运距：100mm | m³ | 46000.00 | | | |
| 10 | 040103002002 | 余方弃置 | 运距：10km | m³ | 1497.00 | | | |
| | | | 分部小计 | | | | | |
| | | | 0402 道路工程 | | | | | |
| 11 | 040201004001 | 掺石灰 | 含灰量：10% | m³ | 1800.00 | | | |
| 12 | 040202002001 | 石灰稳定土 | 1. 含灰量：10%<br>2. 厚度：15cm | m² | 84060.00 | | | |
| 13 | 040202002002 | 石灰稳定土 | 1. 含灰量：11%<br>2. 厚度：30cm | m² | 57320.00 | | | |
| 14 | 040202006001 | 石灰、粉煤灰、碎（砾）石 | 1. 配合比：10:20:70<br>2. 二灰碎石厚度：12cm | m² | 84060.00 | | | |
| 15 | 040202006002 | 石灰、粉煤灰、碎（砾）石 | 1. 配合比：10:20:71<br>2. 二灰碎石厚度：20cm | m² | 57320.00 | | | |
| 16 | 040204002001 | 人行道块料铺设 | 1. 材料品种：普通人行道板<br>2. 块料规格：25cm×2cm | m² | 5850.00 | | | |
| | | | 分部小计 | | | | | |
| | | | 本页小计 | | | | | |
| | | | 合计 | | | | | |

### 表-08 分部分项工程和单价措施项目清单与计价表（二）

工程名称：某市道路改造工程　　　　　　标段：　　　　　　　　　第2页 共5页

| 序号 | 项目编码 | 项目名称 | 项目特征描述 | 计量单位 | 工程量 | 金额/元 | | |
|---|---|---|---|---|---|---|---|---|
| | | | | | | 综合单价 | 合价 | 其中 |
| | | | | | | | | 暂估价 |
| | | | 0402 道路工程 | | | | | |
| 17 | 040204002002 | 人行道块料铺设 | 1. 材料品种:异型彩色花砖,D型砖<br>2. 垫层材料:1:3 石灰砂浆 | m² | 20590.00 | | | |
| 18 | 040205005001 | 人(手)孔井 | 1. 材料品种:接线井<br>2. 规格尺寸:100cm×100cm×100cm | 座 | 5 | | | |
| 19 | 040205005002 | 人(手)孔井 | 1. 材料品种:接线井<br>2. 规格尺寸:50cm×50cm×100cm | 座 | 55 | | | |
| 20 | 040205012001 | 隔离护栏 | 材料品种:钢制人行道护栏 | m | 1440.00 | | | |
| 21 | 040205012002 | 隔离护栏 | 材料品种:钢制机非分隔栏 | m | 200.00 | | | |
| 22 | 040203005001 | 黑色碎石 | 1. 材料品种:石油沥青<br>2. 厚度:6cm | m² | 91360.00 | | | |
| 23 | 040203006001 | 沥青混凝土 | 厚度:5cm | m² | 3383.00 | | | |
| 24 | 040203006002 | 沥青混凝土 | 厚度:4cm | m² | 91360.00 | | | |
| 25 | 040203006003 | 沥青混凝土 | 厚度:3cm | m² | 125190.00 | | | |
| 26 | 040202015001 | 水泥稳定碎(砾)石 | 1. 石料规格:$d7$,≥2.0MPa<br>2. 厚度:18cm | m² | 793.00 | | | |
| 27 | 040202015002 | 水泥稳定碎(砾)石 | 1. 石料规格:$d7$,≥3.0MPa<br>2. 厚度:17cm | m² | 793.00 | | | |
| 28 | 040202015003 | 水泥稳定碎(砾)石 | 1. 石料规格:$d7$,≥3.0MPa<br>2. 厚度:18cm | m² | 793.00 | | | |
| 29 | 040202015004 | 水泥稳定碎(砾)石 | 1. 石料规格:$d7$,≥2.0MPa<br>2. 厚度:21cm | m² | 728.00 | | | |
| 30 | 040202015005 | 水泥稳定碎(砾)石 | 1. 石料规格:$d7$,≥2.0MPa<br>2. 厚度:22cm | m² | 364.00 | | | |
| 31 | 040204004001 | 安砌侧(平、缘)石 | 1. 材料品种:花岗石剁斧平石<br>2. 材料规格:12cm×25cm×49.5cm | m² | 673.00 | | | |
| 32 | 040204004002 | 安砌侧(平、缘)石 | 1. 材料品种:甲 B 型机切花岗石路缘石<br>2. 材料规格:15cm×32cm×99.5cm | m² | 1015.00 | | | |
| 33 | 040204004003 | 安砌侧(平、缘)石 | 1. 材料品种:甲 B 型机切花岗石路缘石<br>2. 材料规格:15cm×25cm×74.5cm | m² | 340.00 | | | |
| | | | 分部小计 | | | | | |
| | | | 本页小计 | | | | | |
| | | | 合计 | | | | | |

### 表-08  分部分项工程和单价措施项目清单与计价表（三）

工程名称：某市道路改造工程　　　　　　　　标段：　　　　　　　　第 3 页　共 5 页

| 序号 | 项目编码 | 项目名称 | 项目特征描述 | 计量单位 | 工程量 | 金额/元 | | |
|---|---|---|---|---|---|---|---|---|
| | | | | | | 综合单价 | 合价 | 其中暂估价 |
| | | | 0403 桥涵护岸工程 | | | | | |
| 34 | 040301006001 | 干作业成孔灌注桩 | 1. 桩径：直径 1.3cm<br>2. 混凝土强度等级：C25 | m | 1036.00 | | | |
| 35 | 040301006002 | 干作业成孔灌注桩 | 1. 桩径：直径 1cm<br>2. 混凝土强度等级：C25 | m | 1680.00 | | | |
| 36 | 040303003001 | 混凝土承台 | 混凝土强度等级：C10 | m³ | 1015.00 | | | |
| 37 | 040303005001 | 混凝土墩（台）身 | 1. 部位：墩柱<br>2. 混凝土强度等级：C35 | m³ | 384.00 | | | |
| 38 | 040303005002 | 混凝土墩（台）身 | 1. 部位：墩柱<br>2. 混凝土强度等级：C30 | m³ | 1210.00 | | | |
| 39 | 040303006001 | 混凝土支撑梁及横梁 | 1. 部位：简支梁湿接头<br>2. 混凝土强度等级：C30 | m³ | 937.00 | | | |
| 40 | 040303007001 | 混凝土墩（台）盖梁 | 混凝土强度等级：C35 | m³ | 748.00 | | | |
| 41 | 040303019001 | 桥面铺装 | 1. 沥青品种：改性沥青、玛瑞脂、玄武石、碎石混合料<br>2. 厚度：4cm | m² | 7550.00 | | | |
| 42 | 040303019002 | 桥面铺装 | 1. 沥青品种：改性沥青、玛瑞脂、玄武石、碎石混合料<br>2. 厚度：5cm | m² | 7560.00 | | | |
| 43 | 040303019003 | 桥面铺装 | 混凝土强度等级：C30 | m² | 281.00 | | | |
| 44 | 040304001001 | 预制混凝土梁 | 1. 部位：墩柱连系梁<br>2. 混凝土强度等级：C30 | m² | 205.00 | | | |
| 45 | 040304001002 | 预制混凝土梁 | 1. 部位：预应力混凝土简支梁<br>2. 混凝土强度等级：C30 | m² | 781.00 | | | |
| 46 | 040304001003 | 预制混凝土梁 | 1. 部位：预应力混凝土简支梁<br>2. 混凝土强度等级：C45 | m² | 2472.00 | | | |
| 47 | 040305003001 | 浆砌块料 | 1. 部位：河道浸水挡墙、墙身<br>2. 材料品种：M10 浆砌片石<br>3. 泄水孔品种、规格：塑料管，φ100 | m³ | 593.00 | | | |
| 48 | 040303002001 | 混凝土基础 | 1. 部位：河道浸水挡墙基础<br>2. 混凝土强度等级：C25 | m³ | 1027.00 | | | |
| 49 | 040303016001 | 混凝土挡墙压顶 | 混凝土强度等级：C25 | m³ | 32.00 | | | |
| | | | 分部小计 | | | | | |
| | | | 本页小计 | | | | | |
| | | | 合计 | | | | | |

#### 表-08 分部分项工程和单价措施项目清单与计价表（四）

工程名称：某市道路改造工程　　　　　　　　标段：　　　　　　　　第4页　共5页

| 序号 | 项目编码 | 项目名称 | 项目特征描述 | 计量单位 | 工程量 | 综合单价 | 合价 | 其中<br>暂估价 |
|---|---|---|---|---|---|---|---|---|
| | | | 0403 桥涵护岸工程 | | | | | |
| 50 | 040309004001 | 橡胶支座 | 规格:20cm×35cm×4.9cm | m³ | 32.00 | | | |
| 51 | 040309008001 | 桥梁伸缩装置 | 材料品种:毛勒伸缩缝 | m | 180.00 | | | |
| 52 | 040309010001 | 防水层 | 材料品种:APP 防水层 | m² | 10194.00 | | | |
| | | | 分部小计 | | | | | |
| | | | 0405 市政管网工程 | | | | | |
| 53 | 040504001001 | 砌筑井 | 1. 规格:1.4×1.0<br>2. 埋深:3m | 座 | 32 | | | |
| 54 | 040504001002 | 砌筑井 | 1. 规格:1.2×1.0<br>2. 埋深:2m | 座 | 82 | | | |
| 55 | 040504001003 | 砌筑井 | 1. 规格:$\phi$900<br>2. 埋深:1.5m | 座 | 42 | | | |
| 56 | 040504001004 | 砌筑井 | 1. 规格:0.6×0.6<br>2. 埋深:1.5m | 座 | 52 | | | |
| 57 | 040504001005 | 砌筑井 | 1. 规格:0.48×0.48<br>2. 埋深:1.5m | 座 | 104 | | | |
| 58 | 040504009001 | 雨水口 | 1. 类型:单平算<br>2. 埋深:3m | 座 | 11 | | | |
| 59 | 040504009002 | 雨水口 | 1. 类型:双平算<br>2. 埋深:2m | 座 | 300 | | | |
| 60 | 040501001001 | 混凝土管 | 1. 规格:DN1650<br>2. 埋深:3.5m | m | 456.00 | | | |
| 61 | 040501001002 | 混凝土管 | 1. 规格:DN1000<br>2. 埋深:3.5m | m | 430.00 | | | |
| 62 | 040501001003 | 混凝土管 | 1. 规格:DN1000<br>2. 埋深:2.5m | m | 1746.00 | | | |
| 63 | 040501001004 | 混凝土管 | 1. 规格:DN1000<br>2. 埋深:2m | m | 1196.00 | | | |
| 64 | 040501001005 | 混凝土管 | 1. 规格:DN800<br>2. 埋深:1.5m | m | 766.00 | | | |
| 65 | 040501001006 | 混凝土管 | 1. 规格:DN600<br>2. 埋深:1.5m | m | 2904.00 | | | |
| 66 | 040501001007 | 混凝土管 | 1. 规格:DN600<br>2. 埋深:3.5m | m | 457.00 | | | |
| | | | 分部小计 | | | | | |
| | | | 本页小计 | | | | | |
| | | | 合计 | | | | | |

### 表-08 分部分项工程和单价措施项目清单与计价表（五）

工程名称：某市道路改造工程　　　　　　　　　标段：　　　　　　　　　第5页　共5页

| 序号 | 项目编码 | 项目名称 | 项目特征描述 | 计量单位 | 工程量 | 金额/元 | | |
|---|---|---|---|---|---|---|---|---|
| | | | | | | 综合单价 | 合价 | 其中 暂估价 |
| | | 0409 钢筋工程 | | | | | | |
| 30 | 040901001001 | 现浇混凝土钢筋 | 钢筋规格:φ10 以外 | t | 283.00 | | | |
| 31 | 040901001002 | 现浇混凝土钢筋 | 钢筋规格:φ11 以内 | t | 1195.00 | | | |
| 32 | 040901006001 | 后张法预应力钢筋 | 1. 钢筋种类:钢绞线（高强低松弛）$R = 1860$MPa<br>2. 锚具种类:预应力锚具<br>3. 压浆管材质、规格:金属波纹管内径 6.2cm,长 17108m<br>4. 砂浆强度等级:C40 | t | 138.00 | | | |
| | | 分部小计 | | | | | | |
| | | 本页小计 | | | | | | |
| | | 合计 | | | | | | |

## 5. 总价措施项目清单与计价表

### 表-11 总价措施项目清单与计价表

工程名称：某市道路改造工程　　　　　　　　　标段：　　　　　　　　　第1页　共1页

| 序号 | 项目编码 | 项目名称 | 计算基础 | 费率（%） | 金额/元 | 调整费率（%） | 调整后金额/元 | 备注 |
|---|---|---|---|---|---|---|---|---|
| 1 | 041109001001 | 安全文明施工费 | | | | | | |
| 2 | 041109002001 | 夜间施工增加费 | | | | | | |
| 3 | 041109003001 | 二次搬运费 | | | | | | |
| 4 | 041109004001 | 冬雨期施工增加费 | | | | | | |
| 5 | 041109007001 | 已完工程及设备保护费 | | | | | | |
| | | | | | | | | |
| | | | | | | | | |
| | | 合　计 | | | | | | |

编制人（造价人员）：　　　　　　　　复核人（造价工程师）：

注：1. "计算基础"中安全文明施工费可为"定额基价"、"定额人工费"或"定额人工费＋定额机械费"，其他项目可为"定额人工费"或"定额人工费＋定额机械费"。

2. 按施工方案计算的措施费，若无"计算基础"和"费率"的数值，也可只填"金额"数值，但应在备注栏说明施工方案出处或计算方法。

## 6. 其他项目清单与计价表

### 表-12 其他项目清单与计价表

工程名称：某市道路改造工程　　　　　　　　标段：　　　　　　　　第1页 共1页

| 序号 | 项目名称 | 金额/元 | 结算金额/元 | 备注 |
|------|---------|---------|------------|------|
| 1 | 暂列金额 | 1500000.00 | | 明细详见表-12-1 |
| 2 | 暂估价 | 600000.00 | | |
| 2.1 | 材料暂估价 | 400000.00 | | 明细详见表-12-2 |
| 2.2 | 专业工程暂估价 | 200000.00 | | 明细详见表-12-3 |
| 3 | 计日工 | | | 明细详见表-12-4 |
| 4 | 总承包服务费 | | | 明细详见表-12-5 |
| 5 | | | | |
| 合　计 | | 2100000.00 | | — |

注：材料（工程设备）暂估价进入清单项目综合单价，此处不汇总。

### （1）暂列金额明细表

### 表-12-1 暂列金额明细表

工程名称：某市道路改造工程　　　　　　　　标段：　　　　　　　　第1页 共1页

| 序号 | 项目名称 | 计量单位 | 暂定金额/元 | 备注 |
|------|---------|---------|------------|------|
| 1 | 政策性调整和材料价格波动 | 项 | 1000000.00 | |
| 2 | 其他 | 项 | 500000.00 | |
| 3 | | | | |
| | | | | |
| | | | | |
| | | | | |
| 合　计 | | | 1500000.00 | — |

注：此表由招标人填写，如不能详列，也可只列暂定金额总额，投标人应将上述暂列金额计入投标总价中。

### （2）材料（工程设备）暂估单价及调整表

### 表-12-2 材料（工程设备）暂估单价及调整表

工程名称：某市道路改造工程　　　　　　　　标段：　　　　　　　　第1页 共1页

| 序号 | 材料（工程设备）名称、规格、型号 | 计量单位 | 数量 暂估 | 数量 确认 | 暂估/元 单价 | 暂估/元 合价 | 确认/元 单价 | 确认/元 合价 | 差额±/元 单价 | 差额±/元 合价 | 备注 |
|------|---------------------------|---------|---------|---------|----------|----------|----------|----------|----------|----------|------|
| 1 | 钢筋（规格、型号综合） | t | 100 | | 4000 | 400000 | | | | | 用在部分钢筋混凝土项目中 |
| 2 | | | | | | | | | | | |
| | | | | | | | | | | | |
| 合　计 | | | | | | 400000 | | | | | |

注：此表由招标人填写"暂估单价"，并在备注栏说明暂估价的材料、工程设备拟用在哪些清单项目上，投标人应将上述材料、工程设备暂估单价计入工程量清单综合单价报价中。

（3）专业工程暂估价及结算价表

**表-12-3　专业工程暂估价及结算价表**

工程名称：某市道路改造工程　　　　　　　　　　标段：　　　　　　　　　　第1页 共1页

| 序号 | 工程名称 | 工程内容 | 暂估金额/元 | 结算金额/元 | 差额±/元 | 备注 |
|---|---|---|---|---|---|---|
| 1 | 消防工程 | 合同、图样中标明的以及消防工程规范和技术说明中规定的各系统中的设备、管道、阀门、线缆等的供应、安装和调试工作 | 200000 | | | |
| | | | | | | |
| | | | | | | |
| | | | | | | |
| | 合　计 | | 200000 | | | |

注：此表"暂估金额"由招标人填写，投标人应将"暂估金额"计入投标总价中，结算时按合同约定结算金额填写。

（4）计日工表

**表-12-4　计日工表**

工程名称：某市道路改造工程　　　　　　　　　　标段：　　　　　　　　　　第1页 共1页

| 编号 | 项目名称 | 单位 | 暂定数量 | 实际数量 | 综合单价/元 | 合价/元 | |
|---|---|---|---|---|---|---|---|
| | | | | | | 暂定 | 实际 |
| 一 | 人工 | | | | | | |
| 1 | 技工 | 工日 | 100 | | | | |
| 2 | 壮工 | 工日 | 80 | | | | |
| | 人工小计 | | | | | | |
| 二 | 材料 | | | | | | |
| 1 | 水泥42.5级 | t | 30.00 | | | | |
| 2 | 钢筋 | t | 10.00 | | | | |
| | 材料小计 | | | | | | |
| 三 | 施工机械 | | | | | | |
| 1 | 履带式推土机105kW | 台班 | 3 | | | | |
| 2 | 汽车起重机25t | 台班 | 3 | | | | |
| | 施工机械小计 | | | | | | |
| | 四、企业管理费和利润 | | | | | | |
| | 总　计 | | | | | | |

注：此表项目名称、暂定数量由招标人填写，编制招标控制价时，单价由招标人按有关计价规定确定；投标时，单价由投标人自主报价，按暂定数量计算合价计入投标总价中。结算时，按发承包双方确认的实际数量计算合价。

（5）总承包服务费计价表

**表-12-5 总承包服务费计价表**

工程名称：某市道路改造工程　　　　　　　　标段：　　　　　　　　第1页 共1页

| 序号 | 项目名称 | 项目价值/元 | 服务内容 | 计算基础 | 费率(%) | 金额/元 |
|---|---|---|---|---|---|---|
| 1 | 发包人发包专业工程 | 500000 | 1. 按专业工程承包人的要求提供施工工作面并对施工现场进行统一整理汇总<br>2. 为专业工程承包人提供垂直运输机械和焊接电源接入点,并承担垂直运输费和电费 | | | |
| | | | | | | |
| | | | | | | |
| | | | | | | |
| 合　计 | — | | — | | — | |

注：此表项目名称、服务内容由招标人填写，编制招标控制价时，费率及金额由招标人按有关计价规定确定；投标时，费率及金额由投标人自主报价，计入投标总价中。

## 7. 规费、税金项目计价表

**表-13 规费、税金项目计价表**

工程名称：某市道路改造工程　　　　　　　　标段：　　　　　　　　第1页 共1页

| 序号 | 项目名称 | 计算基础 | 计算基数 | 计算费率(%) | 金额/元 |
|---|---|---|---|---|---|
| 1 | 规费 | 定额人工费 | | | |
| 1.1 | 社会保险费 | 定额人工费 | | | |
| (1) | 养老保险费 | 定额人工费 | | | |
| (2) | 失业保险费 | 定额人工费 | | | |
| (3) | 医疗保险费 | 定额人工费 | | | |
| (4) | 工伤保险费 | 定额人工费 | | | |
| (5) | 生育保险费 | 定额人工费 | | | |
| 1.2 | 住房公积金 | 定额人工费 | | | |
| 1.3 | 工程排污费 | 按工程所在地环境保护部门收取标准,按实计入 | | | |
| | | | | | |
| 2 | 税金 | 分部分项工程费＋措施项目费＋其他项目费＋规费-按规定不计税的工程设备金额 | | | |
| 合　计 | | | | | |

编制人（造价人员）：　　　　　　　　　　　复核人（造价工程师）：

### 8. 主要材料和工程设备一览表

**表-21 主要材料和工程设备一览表**

（适用于造价信息差额调整法）

工程名称：某市道路改造工程　　　　　标段：　　　　　第1页　共1页

| 序号 | 名称、规格、型号 | 单位 | 数量 | 风险系数（%） | 基准单价/元 | 投标单价/元 | 发承包人确认单价/元 | 备注 |
|---|---|---|---|---|---|---|---|---|
| 1 | 预拌混凝土 C20 | m³ | 25 | ≤5 | 310 | | | |
| 2 | 预拌混凝土 C25 | m³ | 560 | ≤5 | 323 | | | |
| 3 | 预拌混凝土 C30 | m³ | 3120 | ≤5 | 340 | | | |
| | | | | | | | | |
| | | | | | | | | |

注：1. 此表由招标人填写除"投标单价"栏的内容，投标人在投标时自主确定投标单价。

2. 投标人应优先采用工程造价管理机构发布的单价作为基准单价，未发布的，通过市场调查确定其基准单价。

# 10.2　市政工程招标控制价编制实例

现以某市道路改造工程为例介绍招标控制价编制（由委托工程造价咨询人编制）。

### 1. 封面

**封-2　招标控制价封面**

　　　　　　　__某市道路改造__　工程

招 标 控 制 价

招 标 人：　　　__某市委办公室__
　　　　　　（单位盖章）

造价咨询人：　　__××工程造价咨询企业__
　　　　　　（单位盖章）

××年×月×日

## 2. 扉页

**扉-2  招标控制价扉页**

　　<u>　　某市道路改造　　</u>　工程

招 标 控 制 价

招标控制价(小写)：<u>　　　　　　　　　55315501.55 元　　　　　　　</u>
　　　　　　（大写）：<u>　　伍仟伍佰叁拾壹万伍仟伍佰零壹元伍角伍分　　　　</u>

招标人：<u>　某市委办公室　</u>　　　　造价咨询人：<u>　××工程造价咨询企业　</u>
　　　　（单位盖章）　　　　　　　　　　　　（单位资质专用章）

法定代表人　　　　××单位　　　　　法定代表人　　　　××工程造价咨询企业
或其授权人：<u>　　　×××　　　</u>　　或其授权人：<u>　　　×××　　　</u>
　　　　（签字或盖章）　　　　　　　　　　　　（签字或盖章）

编 制 人：<u>　　　×××　　　</u>　　复 核 人：<u>　　　×××　　　</u>
　　　（造价人员签字盖专用章）　　　　　　（造价工程师签字盖专用章）

编制时间：××年×月×日　　　　　　复核时间：××年×月×日

## 3. 总说明

**表-01 总说明**

工程名称：某市道路改造工程 　　　　　　　　　　　　　　　　　　　　　　　第 1 页 　共 1 页

1. 工程概况：某市道路全长 6km，路宽 70m。8 车道，其中有大桥，上部结构为预应力混凝土 T 形梁，梁高为 1.2m，跨径为 1m×22m＋6m×20m，桥梁全长 164m。下部结构，中墩为桩接柱，柱顶盖梁；边墩为重力桥台。墩柱直径为 1.2m，转孔桩直径为 1.3m。施工工期为 1 年。

2. 招标范围：道路工程、桥梁工程和排水工程。

3. 清单编制依据：本工程依据《建设工程工程量清单计价规范》(GB 50500—2013)中规定的工程量清单计价的办法，依据××单位设计的施工设计图样、施工组织设计等计算实物工程量。

4. 考虑施工中可能发生的设计变更或清单有误，预留金 1500000 万元。

5. 投标人的投标文件应按《建设工程工程量清单计价规范》(GB 50500—2013)规定的统一格式，提供"分部分项工程和单价措施项目清单与计价表"、"措施项目清单与计价表"。

6. 其他(略)。

## 4. 招标控制价汇总表

**表-02 建设项目招标控制价汇总表**

工程名称：某市道路改造工程 　　　　　　　　　　　　　　　　　　　　　　　第 1 页 　共 1 页

| 序号 | 单项工程名称 | 金额/元 | 其中:/元 | | |
|------|------------|---------|---------|---------|------|
| | | | 暂估价 | 安全文明施工费 | 规费 |
| 1 | 某市道路改造工程 | 55315501.55 | 6000000.00 | 1533898.79 | 2161838.59 |
| | 合　　计 | 55315501.55 | 6000000.00 | 1533898.79 | 2161838.59 |

说明：本工程为单项工程，故单项工程即为建设项目。

## 表-03 单项工程招标控制价汇总表

工程名称：某市道路改造工程　　　　　　　　　　　　　　　　　　　　第1页 共1页

| 序号 | 单位工程名称 | 金额/元 | 其中:/元 | | |
| --- | --- | --- | --- | --- | --- |
| | | | 暂估价 | 安全文明施工费 | 规费 |
| 1 | 某市道路改造工程 | 55315501.55 | 6000000.00 | 1533898.79 | 2161838.59 |
| | 合　　计 | 55315501.55 | 6000000.00 | 1533898.79 | 2161838.59 |

注：暂估价包括分部分项工程中的暂估价和专业工程暂估价。

## 表-04 单位工程招标控制价汇总表

工程名称：某市道路改造工程　　　　　　　　　　　　　　　　　　　　第1页 共1页

| 序号 | 汇总内容 | 金额/元 | 其中:暂估价/元 |
| --- | --- | --- | --- |
| 1 | 分部分项工程 | 47914887.39 | 6000000.00 |
| 0401 | 土石方工程 | 2275844.14 | |
| 0402 | 道路工程 | 25413244.16 | |
| 0403 | 桥涵护岸工程 | 11529583.71 | |
| 0405 | 市政管网工程 | 1352977.34 | |
| 0409 | 钢筋工程 | 7343238.04 | 6000000.00 |
| 2 | 措施项目 | 1625225.57 | — |
| 0411 | 其中:安全文明施工费 | 1533898.79 | — |
| 3 | 其他项目 | 1787940.00 | — |
| 3.1 | 其中:暂列金额 | 1500000.00 | — |
| 3.2 | 其中:专业工程暂估价 | 200000.00 | — |
| 3.3 | 其中:计日工 | 62940.00 | — |
| 3.4 | 其中:总承包服务费 | 25000.00 | — |
| 4 | 规费 | 2161838.59 | — |
| 5 | 税金 | 1825610.03 | — |
| | 招标控制价合计＝1＋2＋3＋4＋5 | 55253007.08 | 6000000.00 |

注：本表适用于单位工程招标控制价或投标报价的汇总，单项工程也使用本表汇总。

## 5. 分部分项工程和单价措施项目清单与计价表

### 表-08　分部分项工程和单价措施项目清单与计价表（一）

工程名称：某市道路改造工程　　　　　　　　标段：　　　　　　　　　第1页　共5页

| 序号 | 项目编码 | 项目名称 | 项目特征描述 | 计量单位 | 工程量 | 金额/元 | | |
|---|---|---|---|---|---|---|---|---|
| | | | | | | 综合单价 | 合价 | 其中 |
| | | | | | | | | 暂估价 |
| | | | 0401 土石方工程 | | | | | |
| 1 | 040101001001 | 挖一般土方 | 1. 土壤类别：一、二类土<br>2. 挖土深度：4m以内 | m³ | 142100.00 | 10.70 | 1520470.00 | |
| 2 | 040101002001 | 挖沟槽土方 | 1. 土壤类别：三、四类土<br>2. 挖土深度：4m以内 | m³ | 2493.00 | 11.81 | 29442.33 | |
| 3 | 040101002002 | 挖沟槽土方 | 1. 土壤类别：三、四类土<br>2. 挖土深度：3m以内 | m³ | 837.00 | 60.18 | 50370.66 | |
| 4 | 040101002003 | 挖沟槽土方 | 1. 土壤类别：三、四类土<br>2. 挖土深度：6m以内 | m³ | 2837.00 | 17.85 | 50640.45 | |
| 5 | 040103001001 | 回填方 | 密实度：90%以上 | m³ | 8500.00 | 8.30 | 70550.00 | |
| 6 | 040103001002 | 回填方 | 1. 密实度：90%以上<br>2. 填方材料品种：二灰土12:35:53 | m³ | 7700.00 | 7.02 | 54054.00 | |
| 7 | 040103001003 | 回填方 | 填方材料品种：砂砾石 | m³ | 208.00 | 65.61 | 13646.88 | |
| 8 | 040103001004 | 回填方 | 1. 密实度：≥96%<br>2. 填方粒径：粒径5～80cm<br>3. 填方材料品种：砂砾石 | m³ | 3631.00 | 31.22 | 113359.82 | |
| 9 | 040103002001 | 余方弃置 | 1. 废弃料品种：松土<br>2. 运距：100mm | m³ | 46000.00 | 7.79 | 358340.00 | |
| 10 | 040103002002 | 余方弃置 | 运距：10km | m³ | 1497.00 | 10.00 | 14970.00 | |
| | | | 分部小计 | | | | 2275844.14 | |
| | | | 0402 道路工程 | | | | | |
| 11 | 040201004001 | 掺石灰 | 含灰量：10% | m³ | 1800.00 | 57.45 | 103410.00 | |
| 12 | 040202002001 | 石灰稳定土 | 1. 含灰量：10%<br>2. 厚度：15cm | m² | 84060.00 | 16.21 | 1362612.60 | |
| 13 | 040202002002 | 石灰稳定土 | 1. 含灰量：11%<br>2. 厚度：30cm | m² | 57320.00 | 12.05 | 690706.00 | |
| 14 | 040202006001 | 石灰、粉煤灰、碎(砾)石 | 1. 配合比：10:20:70<br>2. 二灰碎石厚度：12cm | m² | 84060.00 | 30.78 | 2587366.80 | |
| 15 | 040202006002 | 石灰、粉煤灰、碎(砾)石 | 1. 配合比：10:20:71<br>2. 二灰碎石厚度：20cm | m² | 57320.00 | 26.46 | 1516687.20 | |
| 16 | 040204002001 | 人行道块料铺设 | 1. 材料品种：普通人行道板<br>2. 块料规格：25cm×2cm | m² | 5850.00 | 0.64 | 3744.00 | |
| | | | 分部小计 | | | | 6264526.60 | |
| | | | 本页小计 | | | | 8540370.74 | |
| | | | 合计 | | | | 8540370.74 | |

### 表-08 分部分项工程和单价措施项目清单与计价表（二）

工程名称：某市道路改造工程　　　　　　标段：　　　　　　　第2页 共5页

| 序号 | 项目编码 | 项目名称 | 项目特征描述 | 计量单位 | 工程量 | 综合单价 | 合价 | 暂估价 |
|---|---|---|---|---|---|---|---|---|
| | | | 0402 道路工程 | | | | | |
| 17 | 040204002002 | 人行道块料铺设 | 1. 材料品种:异型彩色花砖,D型砖<br>2. 垫层材料:1:3 石灰砂浆 | m² | 20590.00 | 13.15 | 270758.50 | |
| 18 | 040205005001 | 人(手)孔井 | 1. 材料品种;接线井<br>2. 规格尺寸:100cm×100cm×100cm | 座 | 5 | 716.43 | 3582.15 | |
| 19 | 040205005002 | 人(手)孔井 | 1. 材料品种;接线井<br>2. 规格尺寸:50cm×50cm×100cm | 座 | 55 | 494.05 | 27172.75 | |
| 20 | 040205012001 | 隔离护栏 | 材料品种:钢制人行道护栏 | m | 1440.00 | 15.66 | 22550.40 | |
| 21 | 040205012002 | 隔离护栏 | 材料品种:钢制机非分隔栏 | m | 200.00 | 15.66 | 3132.00 | |
| 22 | 040203005001 | 黑色碎石 | 1. 材料品种:石油沥青<br>2. 厚度:6cm | m² | 91360.00 | 50.97 | 4656619.20 | |
| 23 | 040203006001 | 沥青混凝土 | 厚度:5cm | m² | 3383.00 | 115.65 | 391243.95 | |
| 24 | 040203006002 | 沥青混凝土 | 厚度:4cm | m² | 91360.00 | 103.54 | 9459414.40 | |
| 25 | 040203006003 | 沥青混凝土 | 厚度:3cm | m² | 125190.00 | 32.74 | 4098720.60 | |
| 26 | 040202015001 | 水泥稳定碎(砾)石 | 1. 石料规格:d7,≥2.0MPa<br>2. 厚度:18cm | m² | 793.00 | 21.96 | 17414.28 | |
| 27 | 040202015002 | 水泥稳定碎(砾)石 | 1. 石料规格:d7,≥3.0MPa<br>2. 厚度:17cm | m² | 793.00 | 20.81 | 16502.33 | |
| 28 | 040202015003 | 水泥稳定碎(砾)石 | 1. 石料规格:d7,≥3.0MP<br>2. 厚度:18cm | m² | 793.00 | 21.21 | 16819.53 | |
| 29 | 040202015004 | 水泥稳定碎(砾)石 | 1. 石料规格:d7,≥2.0MPa<br>2. 厚度:21cm | m² | 728.00 | 17.38 | 12652.64 | |
| 30 | 040202015005 | 水泥稳定碎(砾)石 | 1. 石料规格:d7,≥2.0MPa<br>2. 厚度:22cm | m² | 364.00 | 17.90 | 6515.60 | |
| 31 | 040204004001 | 安砌侧(平、缘)石 | 1. 材料品种:花岗石剁斧平石<br>2. 材料规格:12cm×25cm×49.5cm | m² | 673.00 | 53.66 | 36113.18 | |
| 32 | 040204004002 | 安砌侧(平、缘)石 | 1. 材料品种:甲B型机切花岗石路缘石<br>2. 材料规格:15cm×32cm×99.5cm | m² | 1015.00 | 85.91 | 87198.65 | |
| 33 | 040204004003 | 安砌侧(平、缘)石 | 1. 材料品种:甲B型机切花岗石路缘石<br>2. 材料规格:15cm×25cm×74.5cm | m² | 340.00 | 65.61 | 22307.40 | |
| | | | 分部小计 | | | | 25413244.16 | |
| | | | 本页小计 | | | | 19148717.56 | |
| | | | 合计 | | | | 27689088.3 | |

## 表-08　分部分项工程和单价措施项目清单与计价表（三）

工程名称：某市道路改造工程　　　　　　　　标段：　　　　　　　第 3 页　共 5 页

| 序号 | 项目编码 | 项目名称 | 项目特征描述 | 计量单位 | 工程量 | 综合单价 | 合价 | 其中 暂估价 |
|---|---|---|---|---|---|---|---|---|
| | | | 0403 桥涵护岸工程 | | | | | |
| 34 | 040301006001 | 干作业成孔灌注桩 | 1. 桩径：直径 1.3cm<br>2. 混凝土强度等级：C25 | m | 1036.00 | 1251.09 | 1296129.24 | |
| 35 | 040301006002 | 干作业成孔灌注桩 | 1. 桩径：直径 1cm<br>2. 混凝土强度等级：C25 | m | 1680.00 | 1692.81 | 2843920.80 | |
| 36 | 040303003001 | 混凝土承台 | 混凝土强度等级：C10 | m³ | 1015.00 | 299.98 | 304479.70 | |
| 37 | 040303005001 | 混凝土墩（台）身 | 1. 部位：墩柱<br>2. 混凝土强度等级：C35 | m³ | 384.00 | 434.93 | 167013.12 | |
| 38 | 040303005002 | 混凝土墩（台）身 | 1. 部位：墩柱<br>2. 混凝土强度等级：C30 | m³ | 1210.00 | 318.49 | 385372.90 | |
| 39 | 040303006001 | 混凝土支撑梁及横梁 | 1. 部位：简支梁湿接头<br>2. 混凝土强度等级：C30 | m³ | 937.00 | 401.74 | 376430.38 | |
| 40 | 040303007001 | 混凝土墩（台）盖梁 | 混凝土强度等级：C35 | m³ | 748.00 | 390.63 | 292191.24 | |
| 41 | 040303019001 | 桥面铺装 | 1. 沥青品种：改性沥青、玛琋脂、玄武石、碎石混合料<br>2. 厚度：4cm | m² | 7550.00 | 37.71 | 284710.50 | |
| 42 | 040303019002 | 桥面铺装 | 1. 沥青品种：改性沥青、玛琋脂、玄武石、碎石混合料<br>2. 厚度：5cm | m² | 7560.00 | 44.10 | 333396.00 | |
| 43 | 040303019003 | 桥面铺装 | 混凝土强度等级：C30 | m² | 281.00 | 621.94 | 174765.14 | |
| 44 | 040304001001 | 预制混凝土梁 | 1. 部位：墩柱连系梁<br>2. 混凝土强度等级：C30 | m² | 205.00 | 227.72 | 46682.60 | |
| 45 | 040304001002 | 预制混凝土梁 | 1. 部位：预应力混凝土简支梁<br>2. 混凝土强度等级：C30 | m² | 781.00 | 1249.00 | 975469.00 | |
| 46 | 040304001003 | 预制混凝土梁 | 1. 部位：预应力混凝土简支梁<br>2. 混凝土强度等级：C45 | m² | 2472.00 | 1249.75 | 3089382.00 | |
| 47 | 040305003001 | 浆砌块料 | 1. 部位：河道浸水挡墙、墙身<br>2. 材料品种：M10 浆砌片石<br>3. 泄水孔品种、规格：塑料管，φ100 | m³ | 593.00 | 160.98 | 95461.14 | |
| 48 | 040303002001 | 混凝土基础 | 1. 部位：河道浸水挡墙基础<br>2. 混凝土强度等级：C25 | m³ | 1027.00 | 82.39 | 84614.53 | |
| 49 | 040303016001 | 混凝土挡墙压顶 | 混凝土强度等级：C25 | m³ | 32.00 | 173.51 | 5552.32 | |
| | | | 分部小计 | | | | 10755570.61 | |
| | | | 本页小计 | | | | 10755570.61 | |
| | | | 合计 | | | | 38444658.91 | |

### 表-08 分部分项工程和单价措施项目清单与计价表（四）

工程名称：某市道路改造工程　　　　标段：　　　　第4页 共5页

| 序号 | 项目编码 | 项目名称 | 项目特征描述 | 计量单位 | 工程量 | 综合单价 | 合价 | 其中 暂估价 |
|---|---|---|---|---|---|---|---|---|
| | | | 0403 桥涵护岸工程 | | | | | |
| 50 | 040309004001 | 橡胶支座 | 规格:20cm×35cm×4.9cm | m³ | 32.00 | 173.51 | 552.32 | |
| 51 | 040309008001 | 桥梁伸缩装置 | 材料品种:毛勒伸缩缝 | m | 180.00 | 2067.35 | 372123.00 | |
| 52 | 040309010001 | 防水层 | 材料品种:APP防水层 | m² | 10194.00 | 39.37 | 401337.78 | |
| | | 分部小计 | | | | | 11529583.71 | |
| | | | 0405 市政管网工程 | | | | | |
| 53 | 040504001001 | 砌筑井 | 1. 规格:1.4×1.0  2. 埋深:3m | 座 | 32 | 1790.97 | 57311.04 | |
| 54 | 040504001002 | 砌筑井 | 1. 规格:1.2×1.0  2. 埋深:2m | 座 | 82 | 1661.53 | 136245.46 | |
| 55 | 040504001003 | 砌筑井 | 1. 规格:φ900  2. 埋深:1.5m | 座 | 42 | 1057.79 | 44427.18 | |
| 56 | 040504001004 | 砌筑井 | 1. 规格:0.6×0.6  2. 埋深:1.5m | 座 | 52 | 700.43 | 36422.36 | |
| 57 | 040504001005 | 砌筑井 | 1. 规格:0.48×0.48  2. 埋深:1.5m | 座 | 104 | 689.79 | 71738.16 | |
| 58 | 040504009001 | 雨水口 | 1. 类型:单平箅  2. 埋深:3m | 座 | 11 | 458.90 | 5047.90 | |
| 59 | 040504009002 | 雨水口 | 1. 类型:双平箅  2. 埋深:2m | 座 | 300 | 788.33 | 236499.00 | |
| 60 | 040501001001 | 混凝土管 | 1. 规格:DN1650  2. 埋深:3.5m | m | 456.00 | 387.61 | 176750.16 | |
| 61 | 040501001002 | 混凝土管 | 1. 规格:DN1000  2. 埋深:3.5m | m | 430.00 | 125.09 | 53788.70 | |
| 62 | 040501001003 | 混凝土管 | 1. 规格:DN1000  2. 埋深:2.5m | m | 1746.00 | 86.20 | 150505.20 | |
| 63 | 040501001004 | 混凝土管 | 1. 规格:DN1000  2. 埋深:2m | m | 1196.00 | 86.20 | 103095.20 | |
| 64 | 040501001005 | 混凝土管 | 1. 规格:DN800  2. 埋深:1.5m | m | 766.00 | 38.20 | 29261.20 | |
| 65 | 040501001006 | 混凝土管 | 1. 规格:DN600  2. 埋深:1.5m | m | 2904.00 | 29.97 | 87045.88 | |
| 66 | 040501001007 | 混凝土管 | 1. 规格:DN600  2. 埋深:3.5m | m | 457.00 | 360.70 | 164839.90 | |
| | | 分部小计 | | | | | 1352977.34 | |
| | | 本页小计 | | | | | 2126990.44 | |
| | | 合计 | | | | | 40571649.35 | |

表-08　分部分项工程和单价措施项目清单与计价表（五）

工程名称：某市道路改造工程　　　　　　标段：　　　　　　第 5 页　共 5 页

| 序号 | 项目编码 | 项目名称 | 项目特征描述 | 计量单位 | 工程量 | 金额/元 | | |
|---|---|---|---|---|---|---|---|---|
| | | | | | | 综合单价 | 合价 | 其中 |
| | | | | | | | | 暂估价 |
| | | | 0409 钢筋工程 | | | | | |
| 30 | 040901001001 | 现浇混凝土钢筋 | 钢筋规格：φ10 以外 | t | 283.00 | 3801.12 | 1075716.96 | 700000 |
| 31 | 040901001002 | 现浇混凝土钢筋 | 钢筋规格：φ11 以内 | t | 1195.00 | 3862.24 | 4615376.80 | 4300000 |
| 32 | 040901006001 | 后张法预应力钢筋 | 1. 钢筋种类：钢绞线（高强低松弛）R＝1860MPa<br>2. 锚具种类：预应力锚具<br>3. 压浆管材质、规格：金属波纹管内径 6.2cm，长 17108m<br>4. 砂浆强度等级：C40 | t | 138.00 | 11972.06 | 1652144.28 | 1000000 |
| | 分部小计 | | | | | | 7343238.04 | 6000000 |
| | 本页小计 | | | | | | 7343238.04 | 6000000 |
| | 合计 | | | | | | 47914887.39 | 6000000 |

## 6. 综合单价分析表

以某市道路改造工程石灰、粉煤灰、碎（砾）石，人行道块料铺设工程量综合单价分析表介绍招标控制价中综合单价分析表的编制。

表-09　综合单价分析表（一）

工程名称：某市道路改造工程　　　　　　标段：　　　　　　第 1 页　共 2 页

| 项目编码 | 040202006001 | 项目名称 | 石灰、粉煤灰、碎（砾）石 | | 计量单位 | m² | 工程量 | 84060.00 |
|---|---|---|---|---|---|---|---|---|

清单综合单价组成明细

| 定额编号 | 定额项目名称 | 定额单位 | 数量 | 单　价 | | | | 合　价 | | | |
|---|---|---|---|---|---|---|---|---|---|---|---|
| | | | | 人工费 | 材料费 | 机械费 | 管理费和利润 | 人工费 | 材料费 | 机械费 | 管理费和利润 |
| 2-62 | 石灰:粉煤灰:碎石=10:20:70 | 100m² | 0.01 | 315 | 2164.89 | 131.48 | 566.50 | 3.15 | 20.65 | 1.31 | 5.67 |
| | 人工单价 | | 小计 | | | | | 3.15 | 20.65 | 1.31 | 5.67 |
| | 22.47 元/工日 | | 未计价材料费 | | | | | | | | |
| | 清单项目综合单价 | | | | | | | 30.78 | | | |

| | 主要材料名称、规格、型号 | 单位 | 数量 | 单价/元 | 合价/元 | 暂估单价/元 | 暂估合价/元 |
|---|---|---|---|---|---|---|---|
| 材料费明细 | 生石灰 | t | 0.0396 | 115.00 | 4.55 | | |
| | 粉煤灰 | m³ | 0.1056 | 78.00 | 8.24 | | |
| | 碎石 25～40mm | m³ | 0.1891 | 41.15 | 7.78 | | |
| | 水 | m³ | 0.063 | 0.45 | 0.03 | | |
| | 其他材料费 | | | — | 0.05 | — | |
| | 材料费小计 | | | — | 20.65 | — | |

注：1. 如不使用省级或行业建设主管部门发布的计价依据，可不填定额编号、名称等。
　　2. 招标文件提供了暂估单价的材料，按暂估的单价填入表内"暂估单价"栏及"暂估合价"栏。

表-09 综合单价分析表（二）

工程名称：某市道路改造工程　　　　　标段：　　　　　第2页 共2页

| 项目编码 | 040204002002 | 项目名称 | 人行道块料铺设 | 计量单位 | m² | 工程量 | 20590.00 |
|---|---|---|---|---|---|---|---|

清单综合单价组成明细

| 定额编号 | 定额项目名称 | 定额单位 | 数量 | 单价 | | | | 合价 | | | |
|---|---|---|---|---|---|---|---|---|---|---|---|
| | | | | 人工费 | 材料费 | 机械费 | 管理费和利润 | 人工费 | 材料费 | 机械费 | 管理费和利润 |
| 2-322 | D型砖 | 10m² | 0.1 | 68.31 | 48.16 | — | 15.03 | 6.83 | 4.82 | — | 1.50 |
| | 人工单价 | | | 小计 | | | | 6.83 | 4.82 | — | 1.50 |
| | 22.47元/工日 | | | 未计价材料费 | | | | | | | |
| | 清单项目综合单价 | | | | | | | 13.15 | | | |

| 材料费明细 | 主要材料名称、规格、型号 | 单位 | 数量 | 单价/元 | 合价/元 | 暂估单价/元 | 暂估合价/元 |
|---|---|---|---|---|---|---|---|
| | 生石灰 | t | 0.006 | 115.00 | 0.69 | | |
| | 粗砂 | m³ | 0.024 | 44.23 | 1.06 | | |
| | 水 | m³ | 0.089 | 0.45 | 0.04 | | |
| | D型砖 | m³ | 30.30 | 0.10 | 3.03 | | |
| | 其他材料费 | | | — | | — | |
| | 材料费小计 | | | — | 4.82 | — | |

注：1. 如不使用省级或行业建设主管部门发布的计价依据，可不填定额编号、名称等。

　　2. 招标文件提供了暂估单价的材料，按暂估的单价填入表内"暂估单价"栏及"暂估合价"栏。

（其他分部分项工程的清单综合单价分析表略）

### 7. 总价措施项目清单与计价表

表-11 总价措施项目清单与计价表

工程名称：某市道路改造工程　　　　　标段：　　　　　第1页 共1页

| 序号 | 项目编码 | 项目名称 | 计算基础 | 费率（%） | 金额/元 | 调整费率（%） | 调整后金额/元 | 备注 |
|---|---|---|---|---|---|---|---|---|
| 1 | 041109001001 | 安全文明施工费 | 定额人工费 | 30 | 1533898.79 | | | |
| 2 | 041109002001 | 夜间施工增加费 | 定额人工费 | 3 | 54223.18 | | | |
| 3 | 041109003001 | 二次搬运费 | 定额人工费 | 2 | 11791.02 | | | |
| 4 | 041109004001 | 冬雨期施工增加费 | 定额人工费 | 1 | 11791.02 | | | |
| 5 | 041109007001 | 已完工程及设备保护费 | | | 13521.56 | | | |
| | | 合　计 | | | 1625225.57 | | | |

编制人（造价人员）：　　　　　复核人（造价工程师）：

注：1. "计算基础"中安全文明施工费可为"定额基价"、"定额人工费"或"定额人工费+定额机械费"，其他项目可为"定额人工费"或"定额人工费+定额机械费"。

　　2. 按施工方案计算的措施费，若无"计算基础"和"费率"的数值，也可只填"金额"数值，但应在备注栏说明施工方案出处或计算方法。

## 8. 其他项目清单与计价汇总表

### 表-12 其他项目清单与计价汇总表

工程名称：某市道路改造工程　　　　　　　　　标段：　　　　　　　　第1页 共1页

| 序号 | 项目名称 | 金额/元 | 结算金额/元 | 备注 |
|---|---|---|---|---|
| 1 | 暂列金额 | 1500000.00 | | 明细详见表-12-1 |
| 2 | 暂估价 | 200000.00 | | |
| 2.1 | 材料暂估价 | — | | |
| 2.2 | 专业工程暂估价 | 200000.00 | | 明细详见表-12-3 |
| 3 | 计日工 | 62940.00 | | 明细详见表-12-4 |
| 4 | 总承包服务费 | 25000.00 | | 明细详见表-12-5 |
| | | | | |
| | | | | |
| | | | | |
| | 合　计 | | 1787940.00 | — |

注：材料（工程设备）暂估价进入清单项目综合单价，此处不汇总。

### （1）暂列金额明细表

### 表-12-1 暂列金额明细表

工程名称：某市道路改造工程　　　　　　　　　标段：　　　　　　　　第1页 共1页

| 序号 | 项目名称 | 计量单位 | 暂定金额/元 | 备注 |
|---|---|---|---|---|
| 1 | 政策性调整和材料价格波动 | 项 | 1000000.00 | |
| 2 | 其他 | 项 | 500000.00 | |
| | | | | |
| | | | | |
| | | | | |
| | | | | |
| | | | | |
| | | | | |
| | 合　计 | | 1500000.00 | — |

注：此表由招标人填写，如不能详列，也可只列暂定金额总额，投标人应将上述暂列金额计入投标总价中。

（2）材料（工程设备）暂估单价及调整表

**表-12-2 材料（工程设备）暂估单价及调整表**

工程名称：某市道路改造工程　　　　　　　　　　　标段：　　　　　　　　第1页 共1页

| 序号 | 材料（工程设备）名称、规格、型号 | 计量单位 | 数量 | | 暂估/元 | | 确认/元 | | 差额±/元 | | 备注 |
|---|---|---|---|---|---|---|---|---|---|---|---|
| | | | 暂估 | 确认 | 单价 | 合价 | 单价 | 合价 | 单价 | 合价 | |
| 1 | 钢筋（规格、型号综合） | t | 100 | | 4000 | | 400000 | | | | 用于现浇钢筋混凝土项目 |
| | | | | | | | | | | | |
| | | | | | | | | | | | |
| | | | | | | | | | | | |
| | | | | | | | | | | | |
| | | | | | | | | | | | |
| | | | | | | | | | | | |
| 合　计 | | | | | | | 400000 | | | | |

注：此表由招标人填写"暂估单价"，并在备注栏说明暂估价的材料、工程设备拟用在哪些清单项目上，投标人应将上述材料、工程设备暂估单价计入工程量清单综合单价报价中。

（3）专业工程暂估价及结算价表

**表-12-3 专业工程暂估价及结算价表**

工程名称：某市道路改造工程　　　　　　　　　　　标段：　　　　　　　　第1页 共1页

| 序号 | 工程名称 | 工程内容 | 暂估金额/元 | 结算金额/元 | 差额±/元 | 备注 |
|---|---|---|---|---|---|---|
| 1 | 消防工程 | 合同、图样中标明的以及消防工程规范和技术说明中规定的各系统中的设备、管道、阀门、线缆等的供应、安装和调试工作 | 200000 | | | |
| | | | | | | |
| | | | | | | |
| | | | | | | |
| | | | | | | |
| 合　计 | | | 200000 | | | |

注：此表"暂估金额"由招标人填写，投标人应将"暂估金额"计入投标总价中，结算时按合同约定结算金额填写。

（4）计日工表

**表-12-4 计日工表**

工程名称：某市道路改造工程　　　　　　　标段：　　　　　　　第1页 共1页

| 编号 | 项目名称 | 单位 | 暂定数量 | 实际数量 | 综合单价/元 | 合价/元 | |
|---|---|---|---|---|---|---|---|
| | | | | | | 暂定 | 实际 |
| 一 | 人工 | | | | | | |
| 1 | 技工 | 工日 | 100 | | 50.00 | 5000.00 | |
| 2 | 壮工 | 工日 | 80 | | 43.00 | 3440.00 | |
| | 人工小计 | | | | | 8440.00 | |
| 二 | 材料 | | | | | | |
| 1 | 水泥42.5级 | t | 30.00 | | 300.00 | 9000.00 | |
| 2 | 钢筋 | t | 10.00 | | 3500.00 | 35000.00 | |
| | 材料小计 | | | | | 44000.00 | |
| 三 | 施工机械 | | | | | | |
| 1 | 履带式推土机105kW | 台班 | 3 | | 1000.00 | 3000.00 | |
| 2 | 汽车起重机25t | 台班 | 3 | | 2500.00 | 7500.00 | |
| | 施工机械小计 | | | | | 10500.00 | |
| | 四、企业管理费和利润 | 按人工费20%计 | | | | | |
| | 总　计 | | | | | 62940.00 | |

注：此表项目名称、暂定数量由招标人填写，编制招标控制价时，单价由招标人按有关计价规定确定；投标时，单价由投标人自主报价，按暂定数量计算合价计入投标总价中。结算时，按发承包双方确认的实际数量计算合价。

（5）总承包服务费计价表

**表-12-5 总承包服务费计价表**

工程名称：某市道路改造工程　　　　　　　标段：　　　　　　　第1页 共1页

| 序号 | 项目名称 | 项目价值/元 | 服务内容 | 计算基础 | 费率（%） | 金额/元 |
|---|---|---|---|---|---|---|
| 1 | 发包人发包专业工程 | 500000 | 1. 按专业工程承包人的要求提供施工工作面并对施工现场进行统一整理汇总<br>2. 为专业工程承包人提供垂直运输机械和焊接电源接入点，并承担垂直运输费和电费 | 项目价值 | 5 | 25000 |
| | | | | | | |
| | | | | | | |
| | | | | | | |
| | 合　计 | — | — | — | — | 25000 |

注：此表项目名称、服务内容由招标人填写，编制招标控制价时，费率及金额由招标人按有关计价规定确定；投标时，费率及金额由投标人自主报价，计入投标总价中。

### 9. 规费、税金项目计价表

**表-13 规费、税金项目计价表**

工程名称：某市道路改造工程　　　　　　　　标段：　　　　　　　第1页 共1页

| 序号 | 项目名称 | 计算基础 | 计算基数 | 计算费率(%) | 金额/元 |
|---|---|---|---|---|---|
| 1 | 规费 | 定额人工费 | | | 2161838.59 |
| 1.1 | 社会保险费 | 定额人工费 | (1)+…+(5) | | 1586626.55 |
| (1) | 养老保险费 | 定额人工费 | | 4 | 766949.39 |
| (2) | 失业保险费 | 定额人工费 | | 2 | 191737.35 |
| (3) | 医疗保险费 | 定额人工费 | | 3 | 575212.04 |
| (4) | 工伤保险费 | 定额人工费 | | 0.1 | 19173.73 |
| (5) | 生育保险费 | 定额人工费 | | 0.25 | 33554.04 |
| 1.2 | 住房公积金 | 定额人工费 | | 3 | 575212.04 |
| 1.3 | 工程排污费 | 按工程所在地环境保护部门收取标准,按实计入 | | | — |
| | | | | | |
| 2 | 税金 | 分部分项工程费+措施项目费+其他项目费+规费－按规定不计税的工程设备金额 | | 3.413 | 1825610.00 |
| 合　计 | | | | | 3987448.59 |

编制人（造价人员）：　　　　　　　　复核人（造价工程师）：

### 10. 主要材料和工程设备一览表

**表-21 主要材料和工程设备一览表**

（适用于造价信息差额调整法）

工程名称：某市道路改造工程　　　　　　　　标段：　　　　　　　第1页 共1页

| 序号 | 名称、规格、型号 | 单位 | 数量 | 风险系数(%) | 基准单价/元 | 投标单价/元 | 发承包人确认单价/元 | 备注 |
|---|---|---|---|---|---|---|---|---|
| 1 | 预拌混凝土 C20 | m³ | 25 | ≤5 | 310 | | | |
| 2 | 预拌混凝土 C25 | m³ | 560 | ≤5 | 323 | | | |
| 3 | 预拌混凝土 C30 | m³ | 3120 | ≤5 | 340 | | | |
| | | | | | | | | |
| | | | | | | | | |
| | | | | | | | | |
| | | | | | | | | |

注：1. 此表由招标人填写除"投标单价"栏的内容，投标人在投标时自主确定投标单价。

　　2. 投标人应优先采用工程造价管理机构发布的单价作为基准单价，未发布的，通过市场调查确定其基准单价。

# 10.3 市政工程投标报价编制实例

现以某市道路改造工程为例介绍投标报价编制（由委托工程造价咨询人编制）。

## 1. 封面

封-3 投标总价封面

<u>　某市道路改造　</u>　工程

投 标 总 价

投　标　人：<u>　　　　　　××建筑公司　　　　　　</u>
（单位盖章）

××年×月×日

## 2. 扉页

扉-3　投标总价扉页

投 标 总 价

招　标　人：_____某市委办公室_____

工　程　名　称：_____某市道路改造工程_____

投标总价(小写)：_____54265793.41 元_____

（大写）：_____伍仟肆佰贰拾陆万伍仟柒佰玖拾叁元肆角壹分_____

投　标　人：_____××建筑公司_____
（单位盖章）

法定代表人
或其授权人：_____×××_____
（签字或盖章）

编　制　人：_____×××_____
（造价人员签字盖专用章）

编制时间：××年×月×日

## 3. 总说明

### 表-01 总说明

工程名称：某市道路改造工程                               第1页 共1页

1. 工程概况：某市道路全长6km，路宽70m。8车道，其中有大桥，上部结构为预应力混凝土T形梁，梁高为1.2m，跨径为1m×22m+6m×20m，桥梁全长164m。下部结构，中墩为桩接柱，柱顶盖梁；边墩为重力桥台。墩柱直径为1.2m，转孔桩直径为1.3m。招标工期为1年，投标工期为280d。

2. 投标范围：道路工程、桥梁工程和排水工程。

3. 投标依据：

(1)招标文件及其提供的工程量清单和有关报价要求，招标文件的补充通知和答疑纪要。

(2)依据××单位设计的施工设计图样、施工组织设计。

(3)有关的技术标准、规定和安全管理规定。

(4)省建设主管部门颁发的计价定额和计价管理办法及相关计价文件。

(5)材料价格根据本公司掌握的价格情况并参照工程所在地的工程造价管理机构××年××月工程造价信息发布的价格。

其他略。

## 4. 投标报价汇总表

### 表-02 建设项目投标报价汇总表

工程名称：某市道路改造工程                               第1页 共1页

| 序号 | 单项工程名称 | 金额/元 | 其中：/元 | | |
| --- | --- | --- | --- | --- | --- |
| | | | 暂估价 | 安全文明施工费 | 规费 |
| 1 | 某市道路改造工程 | 54265793.41 | 6000000.00 | 1587692.21 | 2115774.62 |
| | 合 计 | 54265793.41 | 6000000.00 | 1587692.21 | 2115774.62 |

说明：本工程为单项工程，故单项工程即为建设项目。

### 表-03 单项工程投标报价汇总表

工程名称：某市道路改造工程                               第1页 共1页

| 序号 | 单项工程名称 | 金额/元 | 其中：/元 | | |
| --- | --- | --- | --- | --- | --- |
| | | | 暂估价 | 安全文明施工费 | 规费 |
| 1 | 某市道路改造工程 | 54176364.54 | 6000000.00 | 1587692.21 | 2115774.62 |
| | 合 计 | 54176364.54 | 6000000.00 | 1587692.21 | 2115774.62 |

注：暂估价包括分部分项工程中的暂估价和专业工程暂估价。

### 表-04 单位工程投标报价汇总表

工程名称：某市道路改造工程 　　　　　　　　　　　　　　　　　　第1页 共1页

| 序号 | 汇总内容 | 金额/元 | 其中:暂估价/元 |
|---|---|---|---|
| 1 | 分部分项工程 | 46896862.32 | 6000000.00 |
| 0401 | 土石方工程 | 2246212.27 | |
| 0402 | 道路工程 | 24942271.99 | |
| 0403 | 桥涵护岸工程 | 11227288.04 | |
| 0405 | 市政管网工程 | 1322520.84 | |
| 0409 | 钢筋工程 | 7158569.18 | 6000000.00 |
| 2 | 措施项目 | 1674169.61 | — |
| 0411 | 其中:安全文明施工费 | 1587692.21 | — |
| 3 | 其他项目 | 1788021.00 | — |
| 3.1 | 其中:暂列金额 | 1500000.00 | — |
| 3.2 | 其中:专业工程暂估价 | 200000.00 | — |
| 3.3 | 其中:计日工 | 63021.00 | — |
| 3.4 | 其中:总承包服务费 | 25000.00 | — |
| 4 | 规费 | 2115774.62 | — |
| 5 | 税金 | 1790965.86 | — |
| | 投标报价合计 = 1 + 2 + 3 + 4 + 5 | 54265793.41 | 6000000.00 |

### 5. 分部分项工程和单价措施项目清单与计价表

#### 表-08　分部分项工程和单价措施项目清单与计价表（一）

工程名称：某市道路改造工程 　　　　　　标段： 　　　　　　　　第1页 共5页

| 序号 | 项目编码 | 项目名称 | 项目特征描述 | 计量单位 | 工程量 | 综合单价 | 合价 | 其中暂估价 |
|---|---|---|---|---|---|---|---|---|
| | | | 0401 土石方工程 | | | | | |
| 1 | 040101001001 | 挖一般土方 | 1. 土壤类别:一、二类土<br>2. 挖土深度:4m 以内 | m³ | 142100.00 | 10.20 | 1449420.00 | |
| 2 | 040101002001 | 挖沟槽土方 | 1. 土壤类别:三、四类土<br>2. 挖土深度:4m 以内 | m³ | 2493.00 | 11.60 | 28918.80 | |
| 3 | 040101002002 | 挖沟槽土方 | 1. 土壤类别:三、四类土<br>2. 挖土深度:3m 以内 | m³ | 837.00 | 155.71 | 130329.27 | |
| 4 | 040101002003 | 挖沟槽土方 | 1. 土壤类别:三、四类土<br>2. 挖土深度:6m 以内 | m³ | 2837.00 | 16.88 | 47888.56 | |
| 5 | 040103001001 | 回填方 | 密实度:90%以上 | m³ | 8500.00 | 8.10 | 68850.00 | |
| 6 | 040103001002 | 回填方 | 1. 密实度:90%以上<br>2. 填方材料品种:二灰土 12:35:53 | m³ | 7700.00 | 6.95 | 53515.00 | |
| 7 | 040103001003 | 回填方 | 填方材料品种:砂砾石 | m³ | 208.00 | 61.25 | 12740.00 | |

（续）

| 序号 | 项目编码 | 项目名称 | 项目特征描述 | 计量单位 | 工程量 | 综合单价 | 合价 | 其中 暂估价 |
|------|----------|----------|--------------|----------|--------|----------|------|--------------|
| | | | | | | 金　额/元 | | |
| 8 | 040103001004 | 回填方 | 1. 密实度：≥96%<br>2. 填方粒径：粒径5~80cm<br>3. 填方材料品种：砂砾石 | m³ | 3631.00 | 28.24 | 102539.44 | |
| 9 | 040103002001 | 余方弃置 | 1. 废弃料品种：松土<br>2. 运距：100mm | m³ | 46000.00 | 7.34 | 337640.00 | |
| 10 | 040103002002 | 余方弃置 | 运距：10km | m³ | 1497.00 | 9.60 | 14371.20 | |
| | | | 分部小计 | | | | 2246212.27 | |
| | | | 0402 道路工程 | | | | | |
| 11 | 040201004001 | 掺石灰 | 含灰量：10% | m³ | 1800.00 | 56.42 | 101556.00 | |
| 12 | 040202002001 | 石灰稳定土 | 1. 含灰量：10%<br>2. 厚度：15cm | m² | 84060.00 | 15.98 | 1343278.80 | |
| 13 | 040202002002 | 石灰稳定土 | 1. 含灰量：11%<br>2. 厚度：30cm | m² | 57320.00 | 15.64 | 896484.80 | |
| 14 | 040202006001 | 石灰、粉煤灰、碎（砾）石 | 1. 配合比：10:20:70<br>2. 二灰碎石厚度：12cm | m² | 84060.00 | 30.55 | 2568033.00 | |
| 15 | 040202006002 | 石灰、粉煤灰、碎（砾）石 | 1. 配合比：10:20:71<br>2. 二灰碎石厚度：20cm | m² | 57320.00 | 24.56 | 1407779.20 | |
| 16 | 040204002001 | 人行道块料铺设 | 1. 材料品种：普通人行道板<br>2. 块料规格：25cm×2cm | m² | 5850.00 | 0.61 | 3568.50 | |
| | | | 分部小计 | | | | 6320700.30 | |
| | | | 本页小计 | | | | 8566912.57 | |
| | | | 合计 | | | | 8566912.57 | |

**表-08　分部分项工程和单价措施项目清单与计价表（二）**

工程名称：某市道路改造工程　　　　　　　　标段：　　　　　　　　第2页　共5页

| 序号 | 项目编码 | 项目名称 | 项目特征描述 | 计量单位 | 工程量 | 综合单价 | 合价 | 其中 暂估价 |
|------|----------|----------|--------------|----------|--------|----------|------|--------------|
| | | | | | | 金　额/元 | | |
| | | | 0402 道路工程 | | | | | |
| 17 | 040204002002 | 人行道块料铺设 | 1. 材料品种：异型彩色花砖，D 型砖<br>2. 垫层材料：1:3 石灰砂浆 | m² | 20590.00 | 13.01 | 267875.90 | |
| 18 | 040205005001 | 人（手）孔井 | 1. 材料品种：接线井<br>2. 规格尺寸：100cm×100cm×100cm | 座 | 5 | 706.43 | 3532.15 | |

（续）

| 序号 | 项目编码 | 项目名称 | 项目特征描述 | 计量单位 | 工程量 | 金额/元 | | 其中 |
|---|---|---|---|---|---|---|---|---|
| | | | | | | 综合单价 | 合价 | 暂估价 |
| 19 | 040205005002 | 人(手)孔井 | 1. 材料品种;接线井<br>2. 规格尺寸:50cm×50cm×100cm | 座 | 55 | 492.10 | 27065.50 | |
| 20 | 040205012001 | 隔离护栏 | 材料品种:钢制人行道护栏 | m | 1440.00 | 14.24 | 20505.60 | |
| 21 | 040205012002 | 隔离护栏 | 材料品种:钢制机非分隔栏 | m | 200.00 | 15.06 | 3012.00 | |
| 22 | 040203005001 | 黑色碎石 | 1. 材料品种:石油沥青<br>2. 厚度:6cm | m² | 91360.00 | 48.44 | 4425478.40 | |
| 23 | 040203006001 | 沥青混凝土 | 厚度:5cm | m² | 3383.00 | 113.24 | 383090.92 | |
| 24 | 040203006002 | 沥青混凝土 | 厚度:4cm | m² | 91360.00 | 103.67 | 9471291.20 | |
| 25 | 040203006003 | 沥青混凝土 | 厚度:3cm | m² | 125190.00 | 30.45 | 3812035.50 | |
| 26 | 040202015001 | 水泥稳定碎(砾)石 | 1. 石料规格:$d7$,≥2.0MPa<br>2. 厚度:18cm | m² | 793.00 | 21.30 | 16890.90 | |
| 27 | 040202015002 | 水泥稳定碎(砾)石 | 1. 石料规格:$d7$,≥3.0MPa<br>2. 厚度:17cm | m² | 793.00 | 20.21 | 16026.53 | |
| 28 | 040202015003 | 水泥稳定碎(砾)石 | 1. 石料规格:$d7$,≥3.0MPa<br>2. 厚度:18cm | m² | 793.00 | 20.11 | 15947.23 | |
| 29 | 040202015004 | 水泥稳定碎(砾)石 | 1. 石料规格:$d7$,≥2.0MPa<br>2. 厚度:21cm | m² | 728.00 | 16.24 | 11822.72 | |
| 30 | 040202015005 | 水泥稳定碎(砾)石 | 1. 石料规格:$d7$,≥2.0MPa<br>2. 厚度:22cm | m² | 364.00 | 16.20 | 5896.80 | |
| 31 | 040204004001 | 安砌侧(平、缘)石 | 1. 材料品种:花岗石剁斧平石<br>2. 材料规格:12cm×25cm×49.5cm | m² | 673.00 | 52.23 | 35150.79 | |
| 32 | 040204004002 | 安砌侧(平、缘)石 | 1. 材料品种:甲B型机切花岗石路缘石<br>2. 材料规格:15cm×32cm×99.5cm | m² | 1015.00 | 83.21 | 84458.15 | |
| 33 | 040204004003 | 安砌侧(平、缘)石 | 1. 材料品种:甲B型机切花岗石路缘石<br>2. 材料规格:15cm×25cm×74.5cm | m² | 340.00 | 63.21 | 21491.40 | |
| | | 分部小计 | | | | | 24942271.99 | |
| | | 本页小计 | | | | | 18621571.69 | |
| | | 合计 | | | | | 27188484.26 | |

### 表-08　分部分项工程和单价措施项目清单与计价表（三）

工程名称：某市道路改造工程　　　　　　　　标段：　　　　　　　　第3页　共5页

| 序号 | 项目编码 | 项目名称 | 项目特征描述 | 计量单位 | 工程量 | 金额/元 | | 其中 |
|---|---|---|---|---|---|---|---|---|
| | | | | | | 综合单价 | 合价 | 暂估价 |
| | | | 0403 桥涵护岸工程 | | | | | |
| 34 | 040301006001 | 干作业成孔灌注桩 | 1. 桩径:直径1.3cm<br>2. 混凝土强度等级:C25 | m | 1036.00 | 1251.03 | 1296067.08 | |
| 35 | 040301006002 | 干作业成孔灌注桩 | 1. 桩径:直径1cm<br>2. 混凝土强度等级:C25 | m | 1680.00 | 1593.21 | 2676592.80 | |
| 36 | 040303003001 | 混凝土承台 | 混凝土强度等级:C10 | m³ | 1015.00 | 288.36 | 292685.40 | |
| 37 | 040303005001 | 混凝土墩(台)身 | 1. 部位:墩柱<br>2. 混凝土强度等级:C35 | m³ | 384.00 | 435.21 | 167120.64 | |
| 38 | 040303005002 | 混凝土墩(台)身 | 1. 部位:墩柱<br>2. 混凝土强度等级:C30 | m³ | 1210.00 | 308.25 | 372982.50 | |
| 39 | 040303006001 | 混凝土支撑梁及横梁 | 1. 部位:简支梁湿接头<br>2. 混凝土强度等级:C30 | m³ | 937.00 | 385.21 | 360941.77 | |
| 40 | 040303007001 | 混凝土墩(台)盖梁 | 混凝土强度等级:C35 | m³ | 748.00 | 346.25 | 258995.00 | |
| 41 | 040303019001 | 桥面铺装 | 1. 沥青品种:改性沥青、玛琋脂、玄武石、碎石混合料<br>2. 厚度:4cm | m² | 7550.00 | 35.21 | 265835.50 | |
| 42 | 040303019002 | 桥面铺装 | 1. 沥青品种:改性沥青、玛琋脂、玄武石、碎石混合料<br>2. 厚度:5cm | m² | 7560.00 | 42.22 | 319183.20 | |
| 43 | 040303019003 | 桥面铺装 | 混凝土强度等级:C30 | m² | 281.00 | 621.20 | 174557.20 | |
| 44 | 040304001001 | 预制混凝土梁 | 1. 部位:墩柱连系梁<br>2. 混凝土强度等级:C30 | m² | 205.00 | 225.12 | 46149.60 | |
| 45 | 040304001002 | 预制混凝土梁 | 1. 部位:预应力混凝土简支梁<br>2. 混凝土强度等级:C30 | m² | 781.00 | 1244.23 | 971743.63 | |
| 46 | 040304001003 | 预制混凝土梁 | 1. 部位:预应力混凝土简支梁<br>2. 混凝土强度等级:C45 | m² | 2472.00 | 1244.23 | 3075736.56 | |
| 47 | 040305003001 | 浆砌块料 | 1. 部位:河道浸水挡墙、墙身<br>2. 材料品种:M10 浆砌片石<br>3. 泄水孔品种、规格:塑料管,φ100 | m³ | 593.00 | 158.32 | 93883.76 | |
| 48 | 040303002001 | 混凝土基础 | 1. 部位:河道浸水挡墙基础<br>2. 混凝土强度等级:C25 | m³ | 1027.00 | 81.22 | 83412.94 | |
| 49 | 040303016001 | 混凝土挡墙压顶 | 混凝土强度等级:C25 | m³ | 32.00 | 171.23 | 5479.36 | |
| | | | 分部小计 | | | | 10461366.94 | |
| | | | 本页小计 | | | | 10461366.94 | |
| | | | 合计 | | | | 37649851.20 | |

### 表-08 分部分项工程和单价措施项目清单与计价表（四）

工程名称：某市道路改造工程　　　　　　标段：　　　　　　　第4页 共5页

| 序号 | 项目编码 | 项目名称 | 项目特征描述 | 计量单位 | 工程量 | 综合单价 | 合价 | 其中 暂估价 |
|---|---|---|---|---|---|---|---|---|
| | | | **0403 桥涵护岸工程** | | | | | |
| 50 | 040309004001 | 橡胶支座 | 规格：20cm × 35cm ×4.9cm | m³ | 32.00 | 172.13 | 5508.16 | |
| 51 | 040309008001 | 桥梁伸缩装置 | 材料品种：毛勒伸缩缝 | m | 180.00 | 2066.22 | 371919.60 | |
| 52 | 040309010001 | 防水层 | 材料品种：APP 防水层 | m² | 10194.00 | 38.11 | 388493.34 | |
| | | 分部小计 | | | | | 11227288.04 | |
| | | | **0405 市政管网工程** | | | | | |
| 53 | 040504001001 | 砌筑井 | 1. 规格：1.4×1.0 2. 埋深：3m | 座 | 32 | 1758.21 | 56262.72 | |
| 54 | 040504001002 | 砌筑井 | 1. 规格：1.2×1.0 2. 埋深：2m | 座 | 82 | 1653.58 | 135593.56 | |
| 55 | 040504001003 | 砌筑井 | 1. 规格：φ900 2. 埋深：1.5m | 座 | 42 | 1048.23 | 44025.66 | |
| 56 | 040504001004 | 砌筑井 | 1. 规格：0.6×0.6 2. 埋深：1.5m | 座 | 52 | 688.12 | 35782.24 | |
| 57 | 040504001005 | 砌筑井 | 1. 规格：0.48×0.48 2. 埋深：1.5m | 座 | 104 | 672.56 | 69946.24 | |
| 58 | 040504009001 | 雨水口 | 1. 类型：单平箅 2. 埋深：3m | 座 | 11 | 456.90 | 5025.90 | |
| 59 | 040504009002 | 雨水口 | 1. 类型：双平箅 2. 埋深：2m | 座 | 300 | 772.33 | 231699.00 | |
| 60 | 040501001001 | 混凝土管 | 1. 规格：DN1650 2. 埋深：3.5m | m | 456.00 | 384.25 | 175218.00 | |
| 61 | 040501001002 | 混凝土管 | 1. 规格：DN1000 2. 埋深：3.5m | m | 430.00 | 124.02 | 53328.60 | |
| 62 | 040501001003 | 混凝土管 | 1. 规格：DN1000 2. 埋深：2.5m | m | 1746.00 | 84.32 | 147222.72 | |
| 63 | 040501001004 | 混凝土管 | 1. 规格：DN1000 2. 埋深：2m | m | 1196.00 | 84.32 | 100846.72 | |
| 64 | 040501001005 | 混凝土管 | 1. 规格：DN800 2. 埋深：1.5m | m | 766.00 | 36.20 | 27729.20 | |
| 65 | 040501001006 | 混凝土管 | 1. 规格：DN600 2. 埋深：1.5m | m | 2904.00 | 26.22 | 76142.88 | |
| 66 | 040501001007 | 混凝土管 | 1. 规格：DN600 2. 埋深：3.5m | m | 457.00 | 358.20 | 163697.40 | |
| | | 分部小计 | | | | | 1322520.84 | |
| | | 本页小计 | | | | | 2088441.94 | |
| | | 合计 | | | | | 39738293.14 | |

**表-08　分部分项工程和单价措施项目清单与计价表（五）**

工程名称：某市道路改造工程　　　　　　　　　　　标段：　　　　　　　　　　第 5 页　共 5 页

| 序号 | 项目编码 | 项目名称 | 项目特征描述 | 计量单位 | 工程量 | 金 额/元 | | |
|------|----------|----------|--------------|----------|--------|----------|----------|----------|
| | | | | | | 综合单价 | 合价 | 其中<br>暂估价 |
| | | | 0409 钢筋工程 | | | | | |
| 30 | 040901001001 | 现浇混凝土钢筋 | 钢筋规格：φ10 以外 | t | 283.00 | 3476.00 | 983708.00 | 700000 |
| 31 | 040901001002 | 现浇混凝土钢筋 | 钢筋规格：φ11 以内 | t | 1195.00 | 3799.02 | 4539828.90 | 4300000 |
| 32 | 040901006001 | 后张法预应力钢筋 | 1. 钢筋种类：钢绞线（高强低松弛）R＝1860MPa<br>2. 锚具种类：预应力锚具<br>3. 压浆管材质、规格：金属波纹管内径 6.2cm，长 17108m<br>4. 砂浆强度等级：C40 | t | 138.00 | 11848.06 | 1635032.28 | 1000000 |
| | | | 分部小计 | | | | 7158569.18 | 6000000 |
| | | | 本页小计 | | | | 7158569.18 | 6000000 |
| | | | 合计 | | | | 46896862.32 | 6000000 |

## 6. 综合单价分析表

以某市道路改造工程石灰、粉煤灰、碎（砾）石，人行道块料铺设工程量综合单价分析表介绍投标报价中综合单价分析表的编制。

**表-09　综合单价分析表（一）**

工程名称：某市道路改造工程　　　　　　　　　　　标段：　　　　　　　　　　第 1 页　共 2 页

| 项目编码 | 040202006001 | 项目名称 | 石灰、粉煤灰、碎（砾）石 | 计量单位 | m² | 工程量 | 84060.00 |
|----------|--------------|----------|--------------------------|----------|------|--------|----------|

清单综合单价组成明细

| 定额编号 | 定额项目名称 | 定额单位 | 数量 | 单价 | | | | 合价 | | | |
|----------|--------------|----------|------|------|------|------|------|------|------|------|------|
| | | | | 人工费 | 材料费 | 机械费 | 管理费和利润 | 人工费 | 材料费 | 机械费 | 管理费和利润 |
| 2-62 | 石灰：粉煤灰：碎石＝10:20:70 | 100m² | 0.01 | 315 | 2086.42 | 86.58 | 566.50 | 3.15 | 20.86 | 0.87 | 5.67 |
| 人工单价 | | | 小计 | | | | | 3.15 | 20.86 | 0.87 | 5.67 |
| 22.47 元/工日 | | | 未计价材料费 | | | | | — | | | |
| 清单项目综合单价 | | | | | | | | 30.55 | | | |

| | 主要材料名称、规格、型号 | 单位 | 数量 | 单价/元 | 合价/元 | 暂估单价/元 | 暂估合价/元 |
|---|--------------------------|------|------|---------|---------|-------------|-------------|
| 材料费明细 | 生石灰 | t | 0.0396 | 120.00 | 4.75 | | |
| | 粉煤灰 | m³ | 0.1056 | 80.00 | 8.45 | | |
| | 碎石 25~40mm | m³ | 0.1891 | 40.36 | 7.63 | | |
| | 水 | m³ | 0.063 | 0.45 | 0.03 | | |
| | 其他材料费 | | | — | | | |
| | 材料费小计 | | | — | 20.86 | — | |

**表-09 综合单价分析表（二）**

工程名称：某市道路改造工程　　　　　　标段：　　　　　　第2页 共2页

| 项目编码 | 04020400200 | 项目名称 | 人行道块料铺设 | 计量单位 | m² | 工程量 | 20590.00 |
|---|---|---|---|---|---|---|---|

清单综合单价组成明细

| 定额编号 | 定额项目名称 | 定额单位 | 数量 | 单价 | | | | 合价 | | | |
|---|---|---|---|---|---|---|---|---|---|---|---|
| | | | | 人工费 | 材料费 | 机械费 | 管理费和利润 | 人工费 | 材料费 | 机械费 | 管理费和利润 |
| 2-322 | D型砖 | 10m² | 0.1 | 62.15 | 48.32 | — | 19.63 | 6.22 | 4.83 | — | 1.96 |
| 人工单价 | | | 小计 | | | | | 6.22 | 4.83 | — | 1.96 |
| 22.47元/工日 | | | 未计价材料费 | | | | | | | | |
| 清单项目综合单价 | | | | | | | | 13.01 | | | |

| | 主要材料名称、规格、型号 | 单位 | 数量 | 单价/元 | 合价/元 | 暂估单价/元 | 暂估合价/元 |
|---|---|---|---|---|---|---|---|
| 材料费明细 | 生石灰 | t | 0.006 | 120.00 | 0.72 | | |
| | 粗砂 | m³ | 0.024 | 45.22 | 1.09 | | |
| | 水 | m³ | 0.111 | 0.45 | 0.05 | | |
| | D型砖 | m³ | 29.70 | 0.10 | 2.97 | | |
| | 其他材料费 | | | — | | — | |
| | 材料费小计 | | | — | 4.83 | — | |

（其他分部分项工程的清单综合单价分析表略）

## 7. 总价措施项目清单与计价表

**表-11 总价措施项目清单与计价表**

工程名称：某市道路改造工程　　　　　　标段：　　　　　　第1页 共1页

| 序号 | 项目编码 | 项目名称 | 计算基础 | 费率(%) | 金额/元 | 调整费率(%) | 调整后金额/元 | 备注 |
|---|---|---|---|---|---|---|---|---|
| 1 | 011707001001 | 安全文明施工费 | 定额人工费 | 38 | 1587692.21 | | | |
| 2 | 011707001002 | 夜间施工增加费 | 定额人工费 | 1.5 | 52898.56 | | | |
| 3 | 011707001004 | 二次搬运费 | 定额人工费 | 1 | 10287.98 | | | |
| 4 | 011707001005 | 冬雨期施工增加费 | 定额人工费 | 0.6 | 10287.98 | | | |
| 5 | 011707001007 | 已完工程及设备保护费 | | | 13002.88 | | | |
| 合　计 | | | | | 1674169.61 | | | |

编制人（造价人员）：　　　　　　复核人（造价工程师）：

注：1. "计算基础"中安全文明施工费可为"定额基价"、"定额人工费"或"定额人工费＋定额机械费"，其他项
　　目可为"定额人工费"或"定额人工费＋定额机械费"。

　　2. 按施工方案计算的措施费，若无"计算基础"和"费率"的数值，也可只填"金额"数值，但应在备注栏
　　说明施工方案出处或计算方法。

### 8. 其他项目清单与计价汇总表

**表-12　其他项目清单与计价汇总表**

工程名称：某市道路改造工程　　　　　　　标段：　　　　　　　　第 1 页　共 1 页

| 序号 | 项目名称 | 金额/元 | 结算金额/元 | 备注 |
|---|---|---|---|---|
| 1 | 暂列金额 | 1500000.00 | | 明细详见表-12-1 |
| 2 | 暂估价 | 200000.00 | | |
| 2.1 | 材料暂估价 | — | | 明细详见表-12-2 |
| 2.2 | 专业工程暂估价 | 200000.00 | | 明细详见表-12-3 |
| 3 | 计日工 | 63021.00 | | 明细详见表-12-4 |
| 4 | 总承包服务费 | 25000.00 | | 明细详见表-12-5 |
| 5 | | | | |
| | | | | |
| | | | | |
| | 合　计 | 1788021.00 | | — |

注：材料（工程设备）暂估价进入清单项目综合单价，此处不汇总。

#### （1）暂列金额明细表

**表-12-1　暂列金额明细表**

工程名称：某市道路改造工程　　　　　　　标段：　　　　　　　　第 1 页　共 1 页

| 序号 | 项目名称 | 计量单位 | 暂定金额/元 | 备注 |
|---|---|---|---|---|
| 1 | 政策性调整和材料价格波动 | 项 | 1000000.00 | |
| 2 | 其他 | 项 | 500000.00 | |
| | | | | |
| | | | | |
| | | | | |
| | | | | |
| | | | | |
| | | | | |
| | | | | |
| | 合　计 | | 350000 | — |

注：此表由招标人填写，如不能详列，也可只列暂定金额总额，投标人应将上述暂列金额计入投标总价中。

#### （2）材料（工程设备）暂估单价及调整表

**表-12-2　材料（工程设备）暂估单价及调整表**

工程名称：某市道路改造工程　　　　　　　标段：　　　　　　　　第 1 页　共 1 页

| 序号 | 材料（工程设备）名称、规格、型号 | 计量单位 | 数量 | | 暂估/元 | | 确认/元 | | 差额±/元 | | 备注 |
|---|---|---|---|---|---|---|---|---|---|---|---|
| | | | 暂估 | 确认 | 单价 | 合价 | 单价 | 合价 | 单价 | 合价 | |
| 1 | 钢筋（规格、型号综合） | t | 100 | | 4000 | | 400000 | | | | 用于现浇钢筋混凝土项目 |
| | | | | | | | | | | | |
| | | | | | | | | | | | |
| | | | | | | | | | | | |
| | | | | | | | | | | | |
| | | | | | | | | | | | |
| | | | | | | | | | | | |
| | 合　计 | | | | | | 400000 | | | | |

注：此表由招标人填写"暂估单价"，并在备注栏说明暂估价的材料、工程设备拟用在哪些清单项目上，投标人应将上述材料、工程设备暂估单价计入工程量清单综合单价报价中。

（3）专业工程暂估价及结算价表

**表-12-3 专业工程暂估价及结算价表**

工程名称：某市道路改造工程　　　　　　　　　　标段：　　　　　　　　　第1页 共1页

| 序号 | 工程名称 | 工程内容 | 暂估金额/元 | 结算金额/元 | 差额±/元 | 备注 |
|---|---|---|---|---|---|---|
| 1 | 消防工程 | 合同、图样中标明的以及消防工程规范和技术说明中规定的各系统中的设备、管道、阀门、线缆等的供应、安装和调试工作 | 200000 | | | |
| | | | | | | |
| | | | | | | |
| | | | | | | |
| | | | | | | |
| | | | | | | |
| | 合　计 | | 200000 | | | |

注：此表"暂估金额"由招标人填写，投标人应将"暂估金额"计入投标总价中，结算时按合同约定结算金额填写。

（4）计日工表

**表-12-4 计日工表**

工程名称：某市道路改造工程　　　　　　　　　　标段：　　　　　　　　　第1页 共1页

| 编号 | 项目名称 | 单位 | 暂定数量 | 实际数量 | 综合单价/元 | 合价/元 暂定 | 合价/元 实际 |
|---|---|---|---|---|---|---|---|
| 一 | 人工 | | | | | | |
| 1 | 技工 | 工日 | 100 | 93 | 49.00 | 4557.00 | |
| 2 | 壮工 | 工日 | 80 | 88 | 41.00 | 3608.00 | |
| | 人工小计 | | | | | 8165.00 | |
| 二 | 材料 | | | | | | |
| 1 | 水泥42.5 | t | 30.00 | 32.00 | 298.00 | 9536.00 | |
| 2 | 钢筋 | t | 10.00 | 10.00 | 3500.00 | 35000.00 | |
| | 材料小计 | | | | | 44536.00 | |
| 三 | 施工机械 | | | | | | |
| 1 | 履带式推土机105kW | 台班 | 3 | 3 | 990.00 | 2970.00 | |
| 2 | 汽车起重机25t | 台班 | 3 | 3 | 2450.00 | 7350.00 | |
| | 施工机械小计 | | | | | 10320.00 | |
| | 四、企业管理费和利润　　　按人工费20%计 | | | | | | |
| | 总　计 | | | | | 63021.00 | |

注：此表项目名称、暂定数量由招标人填写。投标时，单价由投标人自主报价，按暂定数量计算合价计入投标总价中。

（5）总承包服务费计价表

**表-12-5　总承包服务费计价表**

工程名称：某市道路改造工程　　　　　　　　　标段：　　　　　　　　第1页　共1页

| 序号 | 项目名称 | 项目价值/元 | 服务内容 | 计算基础 | 费率（%） | 金额/元 |
|------|----------|-------------|----------|----------|----------|---------|
| 1 | 发包人发包专业工程 | 500000 | 1. 按专业工程承包人的要求提供施工工作面并对施工现场进行统一整理汇总<br>2. 为专业工程承包人提供垂直运输机械和焊接电源接入点，并承担垂直运输费和电费 | 项目价值 | 5 | 25000 |
| | | | | | | |
| | | | | | | |
| 合　计 | — | | — | | — | 25000 |

注：此表项目名称、服务内容由招标人填写，编制招标控制价时，费率及金额由招标人按有关计价规定确定；投标时，费率及金额由投标人自主报价，计入投标总价中。

## 9. 规费、税金项目计价表

**表-13　规费、税金项目计价表**

工程名称：某市道路改造工程　　　　　　　　　标段：　　　　　　　　第1页　共1页

| 序号 | 项目名称 | 计算基础 | 计算基数 | 计算费率（%） | 金额/元 |
|------|----------|----------|----------|---------------|---------|
| 1 | 规费 | 定额人工费 | | | 2115774.62 |
| 1.1 | 社会保险费 | 定额人工费 | （1）+…+（5） | | 1552819.07 |
| （1） | 养老保险费 | 定额人工费 | | 4 | 750607.41 |
| （2） | 失业保险费 | 定额人工费 | | 2 | 187651.85 |
| （3） | 医疗保险费 | 定额人工费 | | 3 | 562955.55 |
| （4） | 工伤保险费 | 定额人工费 | | 0.1 | 18765.19 |
| （5） | 生育保险费 | 定额人工费 | | 0.25 | 32839.07 |
| 1.2 | 住房公积金 | 定额人工费 | | 3 | 562955.55 |
| 1.3 | 工程排污费 | 按工程所在地环境保护部门收取标准,按实计入 | | | — |
| | | | | | |
| 2 | 税金 | 分部分项工程费+措施项目费+其他项目费+规费－按规定不计税的工程设备金额 | | 3.413 | 1790965.86 |
| 合　计 | | | | | 3906740.48 |

编制人（造价人员）：　　　　　　　　　　　　　复核人（造价工程师）：

### 10. 总价项目进度款支付分解表

**表-16 总价项目进度款支付分解表**

工程名称：某市道路改造工程　　　　　　　　　　标段：　　　　　　　　　第1页　共1页

| 序号 | 项目名称 | 总价金额 | 首次支付 | 二次支付 | 三次支付 | 四次支付 | 五次支付 | |
|------|----------|----------|----------|----------|----------|----------|----------|---|
| 1 | 安全文明施工费 | 1587692.21 | 476307.66 | 476307.66 | 317538.44 | 317538.45 | | |
| 2 | 夜间施工增加费 | 52898.56 | 10579.71 | 10579.71 | 10579.71 | 10579.71 | 10579.72 | |
| 3 | 二次搬运费 | 10287.98 | 2057.59 | 2057.59 | 2057.59 | 2057.59 | 2057.62 | |
| | 略 | | | | | | | |
| | | | | | | | | |
| | | | | | | | | |
| | 社会保险费 | 1552819.07 | 310563.81 | 310563.81 | 310563.81 | 310563.81 | 310563.83 | |
| | 住房公积金 | 562955.55 | 112591.11 | 112591.11 | 112591.11 | 112591.11 | 112591.11 | |
| | | | | | | | | |
| | 合　计 | | | | | | | |

编制人（造价人员）：　　　　　　　　　　复核人（造价工程师）：

注：1. 本表应由承包人在投标报价时根据发包人在招标文件中明确的进度款支付周期与报价填写，签订合同时，发承包双方可就支付分解协商调整后作为合同附件。

2. 单价合同使用本表，"支付"栏时间应与单价项目进度款支付周期相同。

3. 总价合同使用本表，"支付"栏时间应与约定的工程计量周期相同。

### 11. 主要材料和工程设备一览表

**表-21 主要材料和工程设备一览表**

（适用于造价信息差额调整法）

工程名称：某市道路改造工程　　　　　　　　　　标段：　　　　　　　　　第1页　共1页

| 序号 | 名称、规格、型号 | 单位 | 数量 | 风险系数（%） | 基准单价/元 | 投标单价/元 | 发承包人确认单价/元 | 备注 |
|------|------------------|------|------|----------------|--------------|--------------|----------------------|------|
| 1 | 预拌混凝土 C20 | m³ | 25 | ≤5 | 310 | 308 | | |
| 2 | 预拌混凝土 C25 | m³ | 560 | ≤5 | 323 | 325 | | |
| 3 | 预拌混凝土 C30 | m³ | 3120 | ≤5 | 340 | 340 | | |
| | | | | | | | | |
| | | | | | | | | |

注：1. 此表由招标人填写除"投标单价"栏的内容，投标人在投标时自主确定投标单价。

2. 投标人应优先采用工程造价管理机构发布的单价作为基准单价，未发布的，通过市场调查确定其基准单价。

# 10.4 市政工程竣工结算编制实例

现以某市道路改造工程为例介绍工程竣工结算编制（由发包人核对）。

## 1. 封面

**封-4　竣工结算书封面**

　　__某市道路改造__　工程

竣 工 结 算 书

发 包 人：____某市委办公室____
（单位盖章）

承 包 人：____××建筑公司____
（单位盖章）

造价咨询人：____××工程造价咨询企业____
（单位盖章）

××年×月×日

## 2. 扉页

**扉-4　竣工结算书扉页**

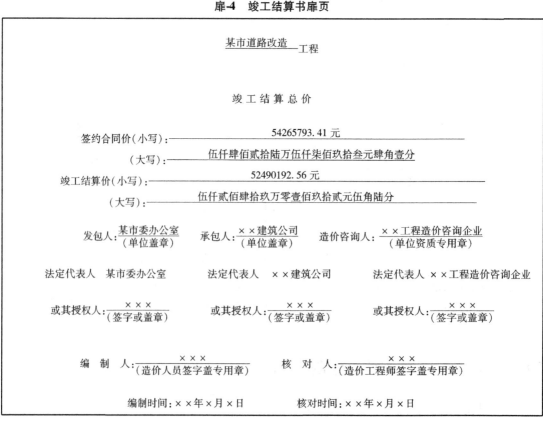

## 3. 总说明

**表-01　总说明**

工程名称：某市道路改造工程　　　　　　　　　　　　　　　　　　　　第1页　共1页

> 1. 工程概况：某市道路全长6km，路宽70cm。8车道，其中有大桥上部结构为预应力混凝土T形梁，梁高为1.2m，跨径为1m×22m+6m×20m，桥梁全长164m。下部结构，中墩为桩接柱，柱顶盖梁；边墩为重力桥台。墩柱直径为1.2m，转孔桩直径为1.3m。合同工期为280d，实际施工工期270d。
> 2. 竣工结算依据。
> (1)承包人报送的竣工结算。
> (2)施工合同、投标文件、招标文件。
> (3)竣工图、发包人确认的实际完成工程量和索赔及现场签证资料。
> (4)省建设主管部门颁发的计价定额和计价管理办法及相关计价文件。
> (5)省工程造价管理机构发布人工费调整文件。
> 3. 核对情况说明：(略)。
> 4. 结算价分析说明：(略)。

## 4. 竣工结算汇总表

**表-05　建设项目竣工结算汇总表**

工程名称：某市道路改造工程　　　　　　　　　　　　　　　　　　　　第1页　共1页

| 序号 | 单项工程名称 | 金额/元 | 其中:/元 | |
|---|---|---|---|---|
| | | | 安全文明施工费 | 规费 |
| 1 | 某市道路改造工程 | 46611234.48 | 1587692.21 | 2180571.86 |
| 合　计 | | 46611234.48 | 1587692.21 | 2180571.86 |

说明：本工程为单项工程，故单项工程即为建设项目。

**表-06　单项工程竣工结算汇总表**

工程名称：某市道路改造工程　　　　　　　　　　　　　　　　　　　　第1页　共1页

| 序号 | 单位工程名称 | 金额/元 | 其中:/元 | |
|---|---|---|---|---|
| | | | 安全文明施工费 | 规费 |
| 1 | 某市道路改造工程 | 46611234.48 | 1587692.21 | 2180571.86 |
| 合　计 | | 46611234.48 | 1587692.21 | 2180571.86 |

**表-07 单位工程竣工结算汇总表**

工程名称：某市道路改造工程　　　　　　　　　　　　　　　　第1页　共1页

| 序号 | 汇总内容 | 金额/元 |
|---|---|---|
| 1 | 分部分项工程 | 46611234.48 |
| 0401 | 土石方工程 | 2202967.83 |
| 0402 | 道路工程 | 24966936.49 |
| 0403 | 桥涵护岸工程 | 11227288.04 |
| 0405 | 市政管网工程 | 1318642.12 |
| 0409 | 钢筋工程 | 6895400.00 |
| 2 | 措施项目 | 1598191.55 |
| 0411 | 其中:安全文明施工费 | 1587692.21 |
| 3 | 其他项目 | 367830.00 |
| 3.1 | 其中:专业工程结算价 | 198700.00 |
| 3.2 | 其中:计日工 | 84130.00 |
| 3.3 | 其中:总承包服务费 | 30000.00 |
| 3.4 | 其中:索赔与现场签证 | 55000.00 |
| 4 | 规费 | 2180571.86 |
| 5 | 税金 | 1732364.67 |
| 竣工结算总价合计 = 1 + 2 + 3 + 4 + 5 | | 52490192.56 |

注：如无单位工程划分，单项工程也使用本表汇总。

## 5. 分部分项工程和单价措施项目清单与计价表

**表-08 分部分项工程和单价措施项目清单与计价表（一）**

工程名称：某市道路改造工程　　　　　　　　标段：　　　　　　　第1页　共5页

| 序号 | 项目编码 | 项目名称 | 项目特征描述 | 计量单位 | 工程量 | 金额/元 综合单价 | 金额/元 合价 |
|---|---|---|---|---|---|---|---|
| | | | 0401 土石方工程 | | | | |
| 1 | 040101001001 | 挖一般土方 | 1. 土壤类别:一、二类土<br>2. 挖土深度:4m 以内 | m³ | 143000.00 | 10.20 | 1458600.00 |
| 2 | 040101002001 | 挖沟槽土方 | 1. 土壤类别:三、四类土<br>2. 挖土深度:4m 以内 | m³ | 2493.00 | 11.60 | 28918.80 |
| 3 | 040101002002 | 挖沟槽土方 | 1. 土壤类别:三、四类土<br>2. 挖土深度:3m 以内 | m³ | 500.32 | 155.71 | 77904.83 |
| 4 | 040101002003 | 挖沟槽土方 | 1. 土壤类别:三、四类土<br>2. 挖土深度:6m 以内 | m³ | 2837.00 | 16.88 | 47888.56 |
| 5 | 040103001001 | 回填方 | 密实度:90%以上 | m³ | 8500.00 | 8.10 | 68850.00 |
| 6 | 040103001002 | 回填方 | 1. 密实度:90%以上<br>2. 填方材料品种:二灰土12:35:53 | m³ | 7700.00 | 6.95 | 53515.00 |
| 7 | 040103001003 | 回填方 | 填方材料品种:砂砾石 | m³ | 208.00 | 61.25 | 12740.00 |

（续）

| 序号 | 项目编码 | 项目名称 | 项目特征描述 | 计量单位 | 工程量 | 金额/元 | |
|---|---|---|---|---|---|---|---|
| | | | | | | 综合单价 | 合价 |
| 8 | 040103001004 | 回填方 | 1. 密实度:≥96%<br>2. 填方粒径:粒径5~80cm<br>3. 填方材料品种:砂砾石 | m³ | 3631.00 | 28.24 | 102539.44 |
| 9 | 040103002001 | 余方弃置 | 1. 废弃料品种:松土<br>2. 运距:100mm | m³ | 46000.00 | 7.34 | 337640.00 |
| 10 | 040103002002 | 余方弃置 | 运距:10km | m³ | 1497.00 | 9.60 | 14371.20 |
| | | 分部小计 | | | | | |
| | | 0402 道路工程 | | | | | |
| 11 | 040201004001 | 掺石灰 | 含灰量:10% | m³ | 1800.00 | 56.42 | 101556.00 |
| 12 | 040202002001 | 石灰稳定土 | 1. 含灰量:10%<br>2. 厚度:15cm | m² | 84060.00 | 15.98 | 1343278.80 |
| 13 | 040202002002 | 石灰稳定土 | 1. 含灰量:11%<br>2. 厚度:30cm | m² | 57320.00 | 15.64 | 896484.80 |
| 14 | 040202006001 | 石灰、粉煤灰、碎(砾)石 | 1. 配合比:10:20:70<br>2. 二灰碎石厚度:12cm | m² | 84060.00 | 30.55 | 2568033.00 |
| 15 | 040202006002 | 石灰、粉煤灰、碎(砾)石 | 1. 配合比:10:20:71<br>2. 二灰碎石厚度:20cm | m² | 57320.00 | 24.56 | 1407779.20 |
| 16 | 040204002001 | 人行道块料铺设 | 1. 材料品种:普通人行道板<br>2. 块料规格:25cm×2cm | m² | 5850.00 | 0.61 | 3568.50 |
| | | 分部小计 | | | | | 2202967.83 |
| | | 本页小计 | | | | | 2202967.83 |
| | | 合计 | | | | | 2202967.83 |

**表-08 分部分项工程和单价措施项目清单与计价表（二）**

工程名称：某市道路改造工程　　　　　　　　标段：　　　　　　　　第2页 共5页

| 序号 | 项目编码 | 项目名称 | 项目特征描述 | 计量单位 | 工程量 | 金额/元 | |
|---|---|---|---|---|---|---|---|
| | | | | | | 综合单价 | 合价 |
| | | 0402 道路工程 | | | | | |
| 17 | 040204002002 | 人行道块料铺设 | 1. 材料品种:异型彩色花砖,D型砖<br>2. 垫层材料:1:3 石灰砂浆 | m² | 20590.00 | 13.01 | 267875.90 |
| 18 | 040205001001 | 人(手)孔井 | 1. 材料品种:接线井<br>2. 规格尺寸:100cm×100cm×100cm | 座 | 5 | 706.43 | 3532.15 |

（续）

| 序号 | 项目编码 | 项目名称 | 项目特征描述 | 计量单位 | 工程量 | 综合单价 | 合价 |
|---|---|---|---|---|---|---|---|
| 19 | 040205001002 | 人（手）孔井 | 1. 材料品种：接线井<br>2. 规格尺寸：50cm×50cm×100cm | 座 | 55 | 492.10 | 27065.50 |
| 20 | 040205012001 | 隔离护栏 | 材料品种：钢制人行道护栏 | m | 1440.00 | 14.24 | 20505.60 |
| 21 | 040205012001 | 隔离护栏 | 材料品种：钢制机非分隔栏 | m | 200.00 | 15.06 | 3012.00 |
| 22 | 040203005001 | 黑色碎石 | 1. 材料品种：石油沥青<br>2. 厚度：6cm | m² | 91360.00 | 48.44 | 4425478.40 |
| 23 | 040203006001 | 沥青混凝土 | 厚度：5cm | m² | 3383.00 | 113.24 | 383090.92 |
| 24 | 040203006002 | 沥青混凝土 | 厚度：4cm | m² | 91360.00 | 103.67 | 9471291.20 |
| 25 | 040203006003 | 沥青混凝土 | 厚度：3cm | m² | 126000.00 | 30.45 | 3836700.00 |
| 26 | 040202015001 | 水泥稳定碎（砾）石 | 1. 石料规格：d7，≥2.0MPa<br>2. 厚度：18cm | m² | 793.00 | 21.30 | 16890.90 |
| 27 | 040202015002 | 水泥稳定碎（砾）石 | 1. 石料规格：d7，≥3.0MPa<br>2. 厚度：17cm | m² | 793.00 | 20.21 | 16026.53 |
| 28 | 040202015003 | 水泥稳定碎（砾）石 | 1. 石料规格：d7，≥3.0MPa<br>2. 厚度：18cm | m² | 793.00 | 20.11 | 15947.23 |
| 29 | 040202015004 | 水泥稳定碎（砾）石 | 1. 石料规格：d7，≥2.0MPa<br>2. 厚度：21cm | m² | 728.00 | 16.24 | 11822.72 |
| 30 | 040202015005 | 水泥稳定碎（砾）石 | 1. 石料规格：d7，≥2.0MPa<br>2. 厚度：22cm | m² | 364.00 | 16.20 | 5896.80 |
| 31 | 040204004001 | 安砌侧（平、缘）石 | 1. 材料品种：花岗石剁斧平石<br>2. 材料规格：12cm×25cm×49.5cm | m² | 673.00 | 52.23 | 35150.79 |
| 32 | 040204004002 | 安砌侧（平、缘）石 | 1. 材料品种：甲B型机切花岗石路缘石<br>2. 材料规格：15cm×32cm×99.5cm | m² | 1015.00 | 83.21 | 84458.15 |
| 33 | 040204004003 | 安砌侧（平、缘）石 | 1. 材料品种：甲B型机切花岗石路缘石<br>2. 材料规格：15cm×25cm×74.5cm | m² | 340.00 | 63.21 | 21491.40 |
| | | | 分部小计 | | | | 11068169.85 |
| | | | 本页小计 | | | | 11068169.85 |
| | | | 合计 | | | | 13271137.68 |

### 表-08 分部分项工程和单价措施项目清单与计价表（三）

工程名称：某市道路改造工程　　　　　　　　标段：　　　　　　　　第 3 页 共 5 页

| 序号 | 项目编码 | 项目名称 | 项目特征描述 | 计量单位 | 工程量 | 金额/元 | |
|------|----------|----------|--------------|----------|--------|---------|---------|
| | | | | | | 综合单价 | 合价 |
| | | | 0403 桥涵护岸工程 | | | | |
| 34 | 040301006001 | 干作业成孔灌注桩 | 1. 桩径:直径1.3cm<br>2. 混凝土强度等级:C25 | m | 1036.00 | 1251.03 | 1296067.08 |
| 35 | 040301006002 | 干作业成孔灌注桩 | 1. 桩径:直径1cm<br>2. 混凝土强度等级:C25 | m | 1680.00 | 1593.21 | 2676592.80 |
| 36 | 040303003001 | 混凝土承台 | 混凝土强度等级:C10 | m³ | 1015.00 | 288.36 | 292685.40 |
| 37 | 040303005001 | 混凝土墩(台)身 | 1. 部位:墩柱<br>2. 混凝土强度等级:C35 | m³ | 384.00 | 435.21 | 167120.64 |
| 38 | 040303005002 | 混凝土墩(台)身 | 1. 部位:墩柱<br>2. 混凝土强度等级:C30 | m³ | 1210.00 | 308.25 | 372982.50 |
| 39 | 040303006001 | 混凝土支撑梁及横梁 | 1. 部位:简支梁湿接头<br>2. 混凝土强度等级:C30 | m³ | 937.00 | 385.21 | 360941.77 |
| 40 | 040303007001 | 混凝土墩(台)盖梁 | 混凝土强度等级:C35 | m³ | 748.00 | 346.25 | 258995.00 |
| 41 | 040303019001 | 桥面铺装 | 1. 沥青品种:改性沥青、玛琋脂、玄武石、碎石混合料<br>2. 厚度:4cm | m² | 7550.00 | 35.21 | 265835.50 |
| 42 | 040303019002 | 桥面铺装 | 1. 沥青品种:改性沥青、玛琋脂、玄武石、碎石混合料<br>2. 厚度:5cm | m² | 7560.00 | 42.22 | 319183.20 |
| 43 | 040303019003 | 桥面铺装 | 混凝土强度等级:C30 | m² | 281.00 | 621.20 | 174557.20 |
| 44 | 040304001001 | 预制混凝土梁 | 1. 部位:墩柱连系梁<br>2. 混凝土强度等级:C30 | m² | 205.00 | 225.12 | 46149.60 |
| 45 | 040304001002 | 预制混凝土梁 | 1. 部位:预应力混凝土简支梁<br>2. 混凝土强度等级:C30 | m² | 781.00 | 1244.23 | 971743.63 |
| 46 | 040304001003 | 预制混凝土梁 | 预应 1. 部位:预应力混凝土简支梁<br>2. 混凝土强度等级:C45 | m² | 2472.00 | 1244.23 | 3075736.56 |
| 47 | 040305003001 | 浆砌块料 | 1. 部位:河道浸水挡墙、墙身<br>2. 材料品种:M10浆砌片石<br>3. 泄水孔品种、规格:塑料管,φ100 | m³ | 593.00 | 158.32 | 93883.76 |
| 48 | 040303002001 | 混凝土基础 | 1. 部位:河道浸水挡墙基础<br>2. 混凝土强度等级:C25 | m³ | 1027.00 | 81.22 | 83412.94 |
| 49 | 040303016001 | 混凝土挡墙压顶 | 混凝土强度等级:C25 | m³ | 32.00 | 171.23 | 5479.36 |
| | | | 分部小计 | | | | 10278590.88 |
| | | | 本页小计 | | | | 10278590.88 |
| | | | 合计 | | | | 37448495.20 |

**表-08 分部分项工程和单价措施项目清单与计价表（四）**

工程名称：某市道路改造工程　　　　　　标段：　　　　　　第4页　共5页

| 序号 | 项目编码 | 项目名称 | 项目特征描述 | 计量单位 | 工程量 | 金额/元 综合单价 | 合价 |
|---|---|---|---|---|---|---|---|
| | | | 0403 桥涵护岸工程 | | | | |
| 50 | 040309004001 | 橡胶支座 | 规格：20cm×35cm×4.9cm | m³ | 32.00 | 172.13 | 5508.16 |
| 51 | 040309008001 | 桥梁伸缩装置 | 材料品种：毛勒伸缩缝 | m | 180.00 | 2066.22 | 371919.60 |
| 52 | 040309010001 | 防水层 | 材料品种：APP 防水层 | m² | 10194.00 | 38.11 | 388493.34 |
| | | | 分部小计 | | | | 11227288.04 |
| | | | 0405 市政管网工程 | | | | |
| 53 | 040504001001 | 砌筑井 | 1. 规格：1.4×1.0<br>2. 埋深：3m | 座 | 32 | 1758.21 | 56262.72 |
| 54 | 040504001002 | 砌筑井 | 1. 规格：1.2×1.0<br>2. 埋深：2m | 座 | 82 | 1653.58 | 135593.56 |
| 55 | 040504001003 | 砌筑井 | 1. 规格：φ900<br>2. 埋深：1.5m | 座 | 42 | 1048.23 | 44025.66 |
| 56 | 040504001004 | 砌筑井 | 1. 规格：0.6×0.6<br>2. 埋深：1.5m | 座 | 52 | 688.12 | 35782.24 |
| 57 | 040504001005 | 砌筑井 | 1. 规格：0.48×0.48<br>2. 埋深：1.5m | 座 | 104 | 672.56 | 69946.24 |
| 58 | 040504009001 | 雨水口 | 1. 类型：单平箅<br>2. 埋深：3m | 座 | 11 | 456.90 | 5025.90 |
| 59 | 040504009002 | 雨水口 | 1. 类型：双平箅<br>2. 埋深：2m | 座 | 300 | 772.33 | 231699.00 |
| 60 | 040501001001 | 混凝土管 | 1. 规格：DN1650<br>2. 埋深：3.5m | m | 456.00 | 384.25 | 175218.00 |
| 61 | 040501001002 | 混凝土管 | 1. 规格：DN1000<br>2. 埋深：3.5m | m | 430.00 | 124.02 | 53328.60 |
| 62 | 040501001003 | 混凝土管 | 1. 规格：DN1000<br>2. 埋深：2.5m | m | 1696.00 | 84.32 | 143006.72 |
| 63 | 040501001004 | 混凝土管 | 1. 规格：DN1000<br>2. 埋深：2m | m | 1200.00 | 84.32 | 101184.00 |
| 64 | 040501001005 | 混凝土管 | 1. 规格：DN800<br>2. 埋深：1.5m | m | 766.00 | 36.20 | 27729.20 |
| 65 | 040501001006 | 混凝土管 | 1. 规格：DN600<br>2. 埋深：1.5m | m | 2904.00 | 26.22 | 76142.88 |
| 66 | 040501001007 | 混凝土管 | 1. 规格：DN600<br>2. 埋深：3.5m | m | 457.00 | 358.20 | 163697.40 |
| | | | 分部小计 | | | | 1318642.12 |
| | | | 本页小计 | | | | 1527032.48 |
| | | | 合计 | | | | 38975527.68 |

**表-08 分部分项工程和单价措施项目清单与计价表（五）**

工程名称：某市道路改造工程　　　　　　　　标段：　　　　　　　第 5 页　共 5 页

| 序号 | 项目编码 | 项目名称 | 项目特征描述 | 计量单位 | 工程量 | 金额/元 | |
|---|---|---|---|---|---|---|---|
| | | | | | | 综合单价 | 合价 |
| | | | 0409 钢筋工程 | | | | |
| 30 | 040901001001 | 现浇混凝土钢筋 | 钢筋规格：φ10 以外 | t | 283.00 | 3800.00 | 1075400.00 |
| 31 | 040901001002 | 现浇混凝土钢筋 | 钢筋规格：φ11 以内 | t | 1195.00 | 3600.00 | 4302000.00 |
| 32 | 040901006001 | 后张法预应力钢筋 | 1. 钢筋种类：钢绞线（高强低松弛）$R=1860MPa$<br>2. 锚具种类：预应力锚具<br>3. 压浆管材质、规格：金属波纹管内径6.2cm，长17108m<br>4. 砂浆强度等级：C40 | t | 138.00 | 11000.00 | 1518000.00 |
| | | | 分部小计 | | | | 6895400.00 |
| | | | 本页小计 | | | | 7635706.80 |
| | | | 合计 | | | | 46611234.48 |

## 6. 综合单价分析表

以某市道路改造工程石灰、粉煤灰、碎（砾）石，人行道块料铺设工程量综合单价分析表介绍工程竣工结算中综合单价分析表的编制。

**表-09 综合单价分析表（一）**

工程名称：某市道路改造工程　　　　　　　　标段：　　　　　　　第 1 页　共 2 页

| 项目编码 | 040202006001 | 项目名称 | 石灰、粉煤灰、碎（砾）石 | 计量单位 | m² | 工程量 | 84060.00 |
|---|---|---|---|---|---|---|---|

清单综合单价组成明细

| 定额编号 | 定额项目名称 | 定额单位 | 数量 | 单价 | | | | 合价 | | | |
|---|---|---|---|---|---|---|---|---|---|---|---|
| | | | | 人工费 | 材料费 | 机械费 | 管理费和利润 | 人工费 | 材料费 | 机械费 | 管理费和利润 |
| 2-62 | 石灰：粉煤灰：碎石＝10:20:70 | 100m² | 0.01 | 315 | 2086.42 | 86.58 | 566.50 | 3.15 | 20.86 | 0.87 | 5.67 |
| 人工单价 | | | 小计 | | | | | 3.15 | 20.86 | 0.87 | 5.67 |
| 22.47 元/工日 | | | 未计价材料费 | | | | | — | | | |
| 清单项目综合单价 | | | | | | | | 30.55 | | | |

| 材料费明细 | 主要材料名称、规格、型号 | 单位 | 数量 | 单价/元 | 合价/元 | 暂估单价/元 | 暂估合价/元 |
|---|---|---|---|---|---|---|---|
| | 生石灰 | t | 0.0396 | 120.00 | 4.75 | | |
| | 粉煤灰 | m³ | 0.1056 | 80.00 | 8.45 | | |
| | 碎石 25~40mm | m³ | 0.1891 | 40.36 | 7.63 | | |
| | 水 | m³ | 0.063 | 0.45 | 0.03 | | |
| | 其他材料费 | | | — | | — | |
| | 材料费小计 | | | — | 20.86 | — | |

表-09 综合单价分析表（二）

工程名称：某市道路改造工程　　　　　　　　　　　　　标段：　　　　　　　　第2页 共2页

| 项目编码 | 040204002002 | 项目名称 | 人行道块料铺设 | 计量单位 | m² | 工程量 | 20590.00 |
|---|---|---|---|---|---|---|---|

清单综合单价组成明细

| 定额编号 | 定额项目名称 | 定额单位 | 数量 | 单价 | | | | 合价 | | | |
|---|---|---|---|---|---|---|---|---|---|---|---|
| | | | | 人工费 | 材料费 | 机械费 | 管理费和利润 | 人工费 | 材料费 | 机械费 | 管理费和利润 |
| 2-322 | D型砖 | 10m² | 0.1 | 62.15 | 48.32 | — | 19.63 | 6.22 | 4.83 | — | 1.96 |
| 人工单价 | | | 小计 | | | | | 6.22 | 4.83 | — | 1.96 |
| 22.47 元/工日 | | | 未计价材料费 | | | | | | | | |
| 清单项目综合单价 | | | | | | | | 13.01 | | | |

| | 主要材料名称、规格、型号 | 单位 | 数量 | 单价/元 | 合价/元 | 暂估单价/元 | 暂估合价/元 |
|---|---|---|---|---|---|---|---|
| 材料费明细 | 生石灰 | t | 0.006 | 120.00 | 0.72 | | |
| | 粗砂 | m³ | 0.024 | 45.22 | 1.09 | | |
| | 水 | m³ | 0.111 | 0.45 | 0.05 | | |
| | D型砖 | m³ | 29.70 | 0.10 | 2.97 | | |
| | 其他材料费 | | | — | | — | |
| | 材料费小计 | | | — | 4.83 | — | |

（其他分部分项工程的清单综合单价分析表略）

### 7. 综合单价调整表

表-10 综合单价调整表

工程名称：某市道路改造工程　　　　　　　　　　　　　标段：　　　　　　　　第1页 共1页

| 序号 | 项目编码 | 项目名称 | 已标价清单综合单价/元 | | | | | 调整后综合单价/元 | | | | |
|---|---|---|---|---|---|---|---|---|---|---|---|---|
| | | | 综合单价 | 其中 | | | | 综合单价 | 其中 | | | |
| | | | | 人工费 | 材料费 | 机械费 | 管理费和利润 | | 人工费 | 材料费 | 机械费 | 管理费和利润 |
| 1 | 040901001001 | 现浇混凝土钢筋 | 3476.00 | 284.75 | 3026.54 | 62.42 | 102.29 | 3800.00 | 320.75 | 3314.54 | 62.42 | 102.29 |
| 2 | （其他略） | | | | | | | | | | | |
| | | | | | | | | | | | | |
| | | | | | | | | | | | | |
| | | | | | | | | | | | | |

造价工程师(签章)：　发包人代表(签章)：　　　　　　造价人员(签章)：　发包人代表(签章)：

日期：　　　　　　　　　　　　　　　　　　　　　　日期：

注：综合单价调整应附调整依据。

### 8. 总价措施项目清单与计价表

**表-11 总价措施项目清单与计价表**

工程名称：某市道路改造工程　　　　　　　　　标段：　　　　　　　　第1页 共1页

| 序号 | 项目编码 | 项目名称 | 计算基础 | 费率(%) | 金额/元 | 调整费率(%) | 调整后金额/元 | 备注 |
|---|---|---|---|---|---|---|---|---|
| 1 | 011707001001 | 安全文明施工费 | 定额人工费 | 38 | 1587692.21 | 8 | 1511714.15 | |
| 2 | 011707001002 | 夜间施工增加费 | 定额人工费 | 1.5 | 52898.56 | 1.5 | 52898.56 | |
| 3 | 011707001004 | 二次搬运费 | 定额人工费 | 1 | 10287.98 | 1 | 10287.98 | |
| 4 | 011707001005 | 冬雨期施工增加费 | 定额人工费 | 0.6 | 10287.98 | 0.6 | 10287.98 | |
| 5 | 011707001007 | 已完工程及设备保护费 | | | 13002.88 | | 13002.88 | |
| | | | | | | | | |
| | | | | | | | | |
| | | | | | | | | |
| | 合　计 | | | | 1674169.61 | | 1598191.55 | |

编制人（造价人员）：　　　　　　　　　复核人（造价工程师）：

注：1. "计算基础"中安全文明施工费可为"定额基价"、"定额人工费"或"定额人工费＋定额机械费"，其他项目可为"定额人工费"或"定额人工费＋定额机械费"。

2. 按施工方案计算的措施费，若无"计算基础"和"费率"的数值，也可只填"金额"数值，但应在备注栏说明施工方案出处或计算方法。

### 9. 其他项目清单与计价汇总表

**表-12 其他项目清单与计价汇总表**

工程名称：某市道路改造工程　　　　　　　　　标段：　　　　　　　　第1页 共1页

| 序号 | 项目名称 | 金额/元 | 结算金额/元 | 备注 |
|---|---|---|---|---|
| 1 | 暂列金额 | | — | |
| 2 | 暂估价 | 200000.00 | 198700.00 | |
| 2.1 | 材料暂估价 | — | — | |
| 2.2 | 专业工程结算价 | 200000.00 | 198700.00 | 明细详见表-12-3 |
| 3 | 计日工 | 63021.00 | 84130.00 | 明细详见表-12-4 |
| 4 | 总承包服务费 | 25000.00 | 30000.00 | 明细详见表-12-5 |
| 5 | 索赔与现场签证 | | 55000.00 | 明细详见表-12-6 |
| | | | | |
| | | | | |
| | 合　计 | | 367830.00 | — |

注：材料（工程设备）暂估价进入清单项目综合单价，此处不汇总。

（1）材料（工程设备）暂估单价及调整表

**表-12-2 材料（工程设备）暂估单价及调整表**

工程名称：某市道路改造工程　　　　　　　　　　标段：　　　　　　　　第1页 共1页

| 序号 | 材料（工程设备）名称、规格、型号 | 计量单位 | 数量 | | 暂估/元 | | 确认/元 | | 差额±/元 | | 备注 |
|---|---|---|---|---|---|---|---|---|---|---|---|
| | | | 暂估 | 确认 | 单价 | 合价 | 单价 | 合价 | 单价 | 合价 | |
| 1 | 钢筋（规格、型号综合） | t | 100 | 96 | 4000 | 4230 | 400000 | 406080 | 230 | 6080 | 用于现浇钢筋混凝土项目 |
| | | | | | | | | | | | |
| | | | | | | | | | | | |
| | | | | | | | | | | | |
| | | | | | | | | | | | |
| | | | | | | | | | | | |
| | | | | | | | | | | | |
| | | | | | | | | | | | |
| 合　计 | | | | | | | 400000 | 406080 | | 6080 | |

注：此表由招标人填写"暂估单价"，并在备注栏说明暂估价的材料、工程设备拟用在哪些清单项目上，投标人应将上述材料、工程设备暂估单价计入工程量清单综合单价报价中。

（2）专业工程暂估价及结算价表

**表-12-3 专业工程暂估价及结算价表**

工程名称：某市道路改造工程　　　　　　　　　　标段：　　　　　　　　第1页 共1页

| 序号 | 工程名称 | 工程内容 | 暂估金额/元 | 结算金额/元 | 差额±/元 | 备注 |
|---|---|---|---|---|---|---|
| 1 | 消防工程 | 合同、图样中标明的以及消防工程规范和技术说明中规定的各系统中的设备、管道、阀门、线缆等的供应、安装和调试工作 | 200000 | 198700 | −1300 | |
| | | | | | | |
| | | | | | | |
| | | | | | | |
| | | | | | | |
| | | | | | | |
| 合　计 | | | 200000 | 198700 | −1300 | |

注：此表"暂估金额"由招标人填写，投标人应将"暂估金额"计入投标总价中，结算时按合同约定结算金额填写。

（3）计日工表

**表-12-4  计日工表**

工程名称：某市道路改造工程　　　　　　标段：　　　　　　　　　　第1页  共1页

| 编号 | 项目名称 | 单位 | 暂定数量 | 实际数量 | 综合单价/元 | 合价/元 暂定 | 合价/元 实际 |
|---|---|---|---|---|---|---|---|
| 一 | 人工 | | | | | | |
| 1 | 技工 | 工日 | 100 | 120 | 49.00 | 5880.00 | |
| 2 | 壮工 | 工日 | 80 | 90 | 41.00 | 3690.00 | |
| | 人工小计 | | | | | 9570.00 | |
| 二 | 材料 | | | | | | |
| 1 | 水泥42.5级 | t | 30.00 | 40.00 | 298.00 | 11920.00 | |
| 2 | 钢筋 | t | 10.00 | 12.00 | 3500.00 | 42000.00 | |
| | 材料小计 | | | | | 53920.00 | |
| 三 | 施工机械 | | | | | | |
| 1 | 履带式推土机105kW | 台班 | 3 | 6 | 990.00 | 5940.00 | |
| 2 | 汽车起重机25t | 台班 | 3 | 6 | 2450.00 | 14700.00 | |
| | 施工机械小计 | | | | | 20640.00 | |
| | 四、企业管理费和利润　　按人工费20%计 | | | | | | |
| | 总　计 | | | | | 84130.00 | |

注：此表项目名称、暂定数量由招标人填写，编制招标控制价时，单价由招标人按有关计价规定确定；投标时，单价由投标人自主报价，按暂定数量计算合价计入投标总价中。结算时，按发承包双方确认的实际数量计算合价。

（4）总承包服务费计价表

**表-12-5  总承包服务费计价表**

工程名称：某市道路改造工程　　　　　　标段：　　　　　　　　　　第1页  共1页

| 序号 | 项目名称 | 项目价值/元 | 服务内容 | 计算基础 | 费率(%) | 金额/元 |
|---|---|---|---|---|---|---|
| 1 | 发包人发包专业工程 | 500000 | 1. 按专业工程承包人的要求提供施工工作面并对施工现场进行统一整理汇总<br>2. 为专业工程承包人提供垂直运输机械和焊接电源接入点，并承担垂直运输费和电费 | 项目价值 | 4.5 | 30000 |
| | | | | | | |
| | | | | | | |
| | 合　计 | — | | | — | 30000 |

注：此表项目名称、服务内容由招标人填写，编制招标控制价时，费率及金额由招标人按有关计价规定确定；投标时，费率及金额由投标人自主报价，计入投标总价中。

（5）索赔与现场签证计价汇总表

**表-12-6  索赔与现场签证计价汇总表**

工程名称：某市道路改造工程　　　　　　标段：　　　　　　　　　　第1页  共1页

| 序号 | 签证及索赔项目名称 | 计量单位 | 数量 | 单价/元 | 合价/元 | 索赔及签证依据 |
|---|---|---|---|---|---|---|
| 1 | 暂停施工 | | | | 25000 | 001 |
| 2 | 隔离带 | 条 | 5 | 6000 | 30000 | 002 |
| … | （其他略） | | | | | |
| | | | | | | |
| — | 本页小计 | — | | — | 55000 | — |
| — | 合　计 | — | | — | 55000 | — |

注：签证及索赔依据是指经双方认可的签证单和索赔依据的编号。

## （6）费用索赔申请（核准）表

### 表-12-7　费用索赔申请（核准）表

工程名称：某市道路改造工程　　　　　　　　　标段：　　　　　　　　编号：001

致:某市道路改造工程指挥办公室　　　　　　　　　　　　　　（发包人全称）

　　根据施工合同条款第 12 条的约定,由于你方工作需要的原因,我方要求索赔金额(大写)贰万伍仟元整(小写 25000.00 元),请予核准。

附:1. 费用索赔的详细理由和依据:根据发包人"关于暂停施工的通知"(详见附件1)。

　　2. 索赔金额的计算:详见附件2。

　　3. 证明材料:

承包人(章):(略)

承包人代表：×××

日　　期:××年×月×日

| 复核意见：<br><br>　　根据施工合同条款第12 条的约定,你方提出的费用索赔申请经复核：<br>　　□不同意此项索赔,具体意见见附件。<br>　　☑同意此项索赔,索赔金额的计算,由造价工程师复核。<br><br>　　　　监理工程师： ×××<br>　　　　日　　期:××年×月×日 | 复核意见：<br><br>　　根据施工合同条款第 12 条的约定,你方提出的费用索赔申请经复核,索赔金额为(大写)贰万伍仟元整（小写 25000.00 元）。<br><br><br>　　　　监理工程师： ×××<br>　　　　日　　期:××年×月×日 |
| --- | --- |

审核意见：

　　□不同意此项索赔。

　　☑同意此项索赔,与本期进度款同期支付。

发包人(章)(略)

发包人代表： ×××

日　　期:××年×月×日

注：1. 在选择栏中的"□"内做标识"√"。

　　2. 本表一式四份,由承包人填报,发包人、监理人、造价咨询人、承包人各存一份。

**附件1**

### 关于暂停施工的通知

××建筑公司××项目部：

　　为了使考生有一个安静的复习、休息和考试环境,响应国家环保总局和省环保局"关于加强中高考期间环境噪声监督管理"的有关规定,请你们在高考期间(6月6日～8日)3天暂停施工。期间并配合上级主管部门进行工程质量检查工作。

某市道路改造工程指挥办公室
办公室(章)
××年×月×日

**附件2**

### 索赔金额的计算

一、人工费
1. 技工50人:50人×50元/工日×3天=7500元
2. 壮工100人:100人×45元/工日×3天=13500元
小计:20000元
二、管理费
20000元×25%=5000元
索赔费用合计:25000元

××建筑公司某市道路改造工程项目部
××年×月×日

## (7) 现场签证表

### 表-12-8　现场签证表

工程名称：某市道路改造工程　　　　　　标段：　　　　　　编号：002

| 施工单位 | 市政指定位置 | 日期 | ××年×月×日 |
|---|---|---|---|

致:某市道路改造工程指挥办公室　　　　　　　　　　　　　　　　　　(发包人全称)

　　根据××年××月××日的口头指令,我方要求完成此项工作应支付价款金额为(大写)叁万元(小写 30000.00元),请予核准。

附:1. 签证事由及原因;为道路通车以后车辆行驶安全,增加5条隔离带。
　　2. 附图及计算式:(略)

承包人(章):(略)
承包人代表:×××
日　　期:××年×月×日

| 复核意见:<br>　　你方提出的此项签证申请经复核:<br>　　□不同意此项签证,具体意见见附件。<br>　　☑同意此项签证,签证金额的计算,由造价工程师复核。<br><br>　　　　　　监理工程师:　×××<br>　　　　日　　期:××年×月×日 | 复核意见:<br>　　☑此项签证按承包人中标的计日工单价计算,金额为(大写)叁万元,(小写30000.00元)。<br>　　□此项签证因无计日工单价,金额为(大写)＿＿元,(小写)＿＿＿。<br><br>　　　　　　造价工程师:　×××<br>　　　　日　　期:××年×月×日 |
|---|---|

审核意见:
　　□不同意此项签证。
　　☑同意此项签证,价款与本期进度款同期支付。

承包人(章)(略)
承包人代表:　×××
日　　期:××年×月×日

注:1. 在选择栏中的"□"内做标识"√"。
　　2. 本表一式四份,由承包人在收到发包人(监理人)的口头或书面通知后填写,发包人、监理人、造价咨询人、承包人各存一份。

### 10. 规费、税金项目计价表

**表-13 规费、税金项目计价表**

工程名称：某市道路改造工程　　　　　　　　标段：　　　　　　　　第1页 共1页

| 序号 | 项目名称 | 计算基础 | 计算基数 | 计算费率（%） | 金额/元 |
|---|---|---|---|---|---|
| 1 | 规费 | 定额人工费 | | | 2180571.86 |
| 1.1 | 社会保险费 | 定额人工费 | (1)+…+(5) | | 1563679.05 |
| (1) | 养老保险费 | 定额人工费 | | 4 | 755857.07 |
| (2) | 失业保险费 | 定额人工费 | | 2 | 188964.27 |
| (3) | 医疗保险费 | 定额人工费 | | 3 | 566892.81 |
| (4) | 工伤保险费 | 定额人工费 | | 0.1 | 18896.43 |
| (5) | 生育保险费 | 定额人工费 | | 0.25 | 33068.47 |
| 1.2 | 住房公积金 | 定额人工费 | | 3 | 566892.81 |
| 1.3 | 工程排污费 | 按工程所在地环境保护部门收取标准，按实计入 | | | 50000.00 |
| 2 | 税金 | 分部分项工程费+措施项目费+其他项目费+规费－按规定不计税的工程设备金额 | | 3.413 | 1732364.67 |
| | 合　计 | | | | 3912936.53 |

编制人（造价人员）：　　　　　　　　　　复核人（造价工程师）：

### 11. 工程计量申请（核准）表

**表-14 工程计量申请（核准）表**

工程名称：某市道路改造工程　　　　　　　　标段：　　　　　　　　第1页 共1页

| 序号 | 项目编码 | 项目名称 | 计量单位 | 承包人申报数量 | 发包人核实数量 | 发承包人确认数量 | 备注 |
|---|---|---|---|---|---|---|---|
| 1 | 040101001001 | 挖一般土方 | m³ | 142100.00 | 143000.00 | 143000.00 | |
| 2 | 040101002001 | 挖沟槽土方 | m³ | 2493.00 | 2493.00 | 2493.00 | |
| 3 | 040101002002 | 挖沟槽土方 | m³ | 837.00 | 500.32 | 500.32 | |
| 4 | 040101002003 | 挖沟槽土方 | m³ | 2837.00 | 2837.00 | 2837.00 | |
| 5 | 040103001001 | 回填方 | m³ | 8500.00 | 8500.00 | 8500.00 | |
| | （略） | | | | | | |

承包人代表：　　　　监理工程师：　　　　　　造价工程师：　　　　　　发包人代表：

×××　　　　　　　×××　　　　　　　　×××　　　　　　　×××

日期：××年×月×日　　日期：××年×月×日　　日期：××年×月×日　　日期：××年×月×日

## 12. 预付款支付申请（核准）表

### 表-15 预付款支付申请（核准）表

工程名称：某市道路改造工程　　　　　　　标段：　　　　　　　　　第1页　共1页

致:某市道路改造工程指挥办公室　　　　　　　　　　　　　　（发包人全称）

我方根据施工合同的约定,先申请支付工程预付款额为(大写)陆佰叁拾柒万玖仟壹佰玖拾肆元(小写 6379194.00 元),请予核准。

| 序号 | 名称 | 申请金额/元 | 复核金额/元 | 备注 |
|---|---|---|---|---|
| 1 | 已签约合同价款金额 | 54265793.41 | 54265793.41 | |
| 2 | 其中:安全文明施工费 | 1587692.21 | 1587692.21 | |
| 3 | 应支付的预付款 | 5426579 | 4883921 | |
| 4 | 应支付的安全文明施工费 | 952615 | 952615 | |
| 5 | 合计应支付的预付款 | 6379194 | 5836536 | |
| | | | | |

计算依据见附件

　　　　　　　　　　　　　　　　　　　　　　　　　　承包人(章)

造价人员：　×××　　　　承包人代表：　×××　　　　日　　期：××年×月×日

复核意见：
□与合同约定不相符,修改意见见附件。
☑与合约约定相符,具体金额由造价工程师复核。

　　　　　　　　监理工程师：　×××
　　　　　　　　日　　期:××年×月×日

复核意见：
　　你方提出的支付申请经复核,应支付预付款金额为(大写)伍佰捌拾叁万陆仟伍佰叁拾陆元(小写5836536.00 元)。

　　　　　　　　造价工程师：　×××
　　　　　　　　日　　期:××年×月×日

审核意见：
□不同意。
☑同意,支付时间为本表签发后的15d内。

　　　　　　　　　　　　　　　　　　发包人(章)
　　　　　　　　　　　　　　　　发包人代表：　×××
　　　　　　　　　　　　　　　　日　　期:××年×月×日

注：1. 在选择栏中的"□"内做标识"√"。
　　2. 本表一式四份,由承包人填报,发包人、监理人、造价咨询人、承包人各存一份。

## 13. 总价项目进度款支付分解表

### 表-16 总价项目进度款支付分解表

工程名称：某市道路改造工程　　　　　　　　　标段：　　　　　　　　　第1页 共1页

| 序号 | 项目名称 | 总价金额 | 首次支付 | 二次支付 | 三次支付 | 四次支付 | 五次支付 | |
|---|---|---|---|---|---|---|---|---|
| 1 | 安全文明施工费 | 1587692.21 | 476307.66 | 476307.66 | 317538.44 | 317538.45 | | |
| 2 | 夜间施工增加费 | 52898.56 | 10579.71 | 10579.71 | 10579.71 | 10579.71 | 10579.72 | |
| 3 | 二次搬运费 | 10287.98 | 2057.59 | 2057.59 | 2057.59 | 2057.59 | 2057.62 | |
| | | | | | | | | |
| | 略 | | | | | | | |
| | | | | | | | | |
| | | | | | | | | |
| | | | | | | | | |
| | | | | | | | | |
| | | | | | | | | |
| | | | | | | | | |
| | | | | | | | | |
| | 社会保险费 | 1563679.05 | 312735.81 | 312735.81 | 312735.81 | 312735.81 | 312735.81 | |
| | 住房公积金 | 566892.81 | 113378.56 | 113378.56 | 113378.56 | 113378.56 | 113378.57 | |
| | | | | | | | | |
| | | | | | | | | |
| | | | | | | | | |
| | | | | | | | | |
| | | | | | | | | |
| | 合 计 | | | | | | | |

编制人（造价人员）：　　　　　　　　　　　　复核人（造价工程师）：

　　注：1. 本表应由承包人在投标报价时根据发包人在招标文件明确的进度款支付周期与报价填写，签订合同时，发承包双方可就支付分解协商调整后作为合同附件。

　　　　2. 单价合同使用本表，"支付"栏时间应与单价项目进度款支付周期相同。

　　　　3. 总价合同使用本表，"支付"栏时间应与约定的工程计量周期相同。

## 14. 进度款支付申请（核准）表

### 表-17 进度款支付申请（核准）表

工程名称：某市道路改造工程　　　　　　　　　标段：　　　　　　　　　编号：

致：某市道路改造工程指挥办公室　　　　　　　　　　　　（发包人全称）

　　我方于 ×× 至 ×× 期间已完成了 2km 道路改造 工作，根据施工合同的约定，现申请支付本期的工程款额为（大写）壹佰壹拾壹万柒仟玖佰壹拾玖元壹角肆分（小写 1117919.14 元），请予核准。

| 序号 | 名称 | 申请金额/元 | 复核金额/元 | 备注 |
|---|---|---|---|---|
| 1 | 累计已完成的合同价款 | 1233189.37 | — | 1233189.37 |
| 2 | 累计已实际支付的合同价款 | 1109870.43 | — | 1109870.43 |
| 3 | 本周期合计完成的合同价款 | 1576893.50 | 1419204.14 | 1576893.50 |
| 3.1 | 本周期已完成单价项目的金额 | 1484047.80 | | |
| 3.2 | 本周期应支付的总价项目的金额 | 14230.00 | | |
| 3.3 | 本周期已完成的计日工价款 | 4631.70 | | |
| 3.4 | 本周期应支付的安全文明施工费 | 62895.00 | | |
| 3.5 | 本周期应增加的合同价款 | 11089.00 | | |
| 4 | 本周期合计应扣减的金额 | 301285.00 | 301285.00 | 301897.14 |
| 4.1 | 本周期应抵扣的预付款 | 301285.00 | | 301285.00 |
| 4.2 | 本周期应扣减的金额 | 0 | | 612.14 |
| 5 | 本周期应支付的合同价款 | 1475608.50 | 1117919.14 | 1117307.00 |

附：上述3、4详见附件清单。

　　　　　　　　　　　　　　　　　　　　　　　　　　　　　　　　　承包人（章）

造价人员：×××　　　　　承包人代表：×××　　　　　　日　期：××年×月×日

复核意见：
□与实际施工情况不相符，修改意见见附件。
☑与实际施工情况相符，具体金额由造价工程师复核。

复核意见：
　你方提供的支付申请经复核，本期间已完成工程款额为（大写）壹佰伍拾柒万陆仟捌佰玖拾叁元伍角（小写 1576893.50 元），本期间应支付金额为（大写）壹佰壹拾壹万柒仟叁佰零柒元（小写 1117307.00 元）。

　　　　　　　　监理工程师：×××
　　　　　　　　日　期：××年×月×日

　　　　　　　　造价工程师：×××
　　　　　　　　日　期：××年×月×日

审核意见：
□不同意。
☑同意，支付时间为本表签发后的15d内。

　　　　　　　　　　　　　发包人（章）
　　　　　　　　　　　　　发包人代表：×××
　　　　　　　　　　　　　日　期：××年×月×日

注：1. 在选择栏中的"□"内做标识"√"。
　　2. 本表一式四份，由承包人填报，发包人、监理人、造价咨询人、承包人各存一份。

## 15. 竣工结算款支付申请（核准）表

### 表-18 竣工结算款支付申请（核准）表

工程名称：某市道路改造工程　　　　　　　标段：　　　　　　　编号：

致：某市道路改造工程指挥办公室　　　　　　　　　（发包人全称）

　　我方于 ×× 至 ×× 期间已完成合同约定的工作，工程已经完工，根据施工合同的约定，现申请支付竣工结算合同款额为（大写）肆佰壹拾捌万柒仟贰佰陆拾贰元玖角陆分（小写 4187262.96 元），请予核准。

| 序号 | 名称 | 申请金额/元 | 复核金额/元 | 备注 |
|---|---|---|---|---|
| 1 | 竣工结算合同价款总额 | 52490192.56 | 52490192.56 | |
| 2 | 累计已实际支付的合同价款 | 45678420.00 | 45678420.00 | |
| 3 | 应预留的质量保证金 | 2624509.60 | 2624509.60 | |
| 4 | 应支付的竣工结算款金额 | 4187262.96 | 4187262.96 | |
| | | | | |

造价人员：×××　　　　承包人代表：×××　　　　　承包人（章）
　　　　　　　　　　　　　　　　　　　　　　　　日　　期：××年×月×日

| 复核意见： | 复核意见： |
|---|---|
| □与实际施工情况不相符，修改意见见附件。<br>☑与实际施工情况相符，具体金额由造价工程师复核。<br><br><br><br>监理工程师：×××<br>日　　期：××年×月×日 | 　你方提出的竣工结算款支付申请经复核，竣工结算款总额为（大写）伍仟贰佰肆拾玖万零壹佰玖拾贰元伍角陆分（小写52490192.56 元），扣除前期支付以及质量保证金后应支付金额为（大写）肆佰壹拾捌万柒仟贰佰陆拾贰元玖角陆分（小写4187262.96 元）。<br><br>造价工程师：×××<br>日　　期：××年×月×日 |

审核意见：
　□不同意。
　☑同意，支付时间为本表签发后的 15d 内。

承包人（章）
发包人代表：×××
日　　期：××年×月×日

注：1. 在选择栏中的"□"内做标识"√"。
　　2. 本表一式四份，由承包人填报，发包人、监理人、造价咨询人、承包人各存一份。

## 16. 最终结清支付申请（核准）表

### 表-19 最终结清支付申请（核准）表

工程名称：某市道路改造工程　　　　　　标段：　　　　　　　编号：

致:某市道路改造工程指挥办公室　　　　　　　　　　（发包人全称）

　　我方于××至××期间已完成了缺陷修复工作，根据施工合同的约定，现申请支付最终结清合同款额为(大写)贰佰陆拾贰万肆仟伍佰零玖元陆角零分(小写2624509.60元)，请予核准。

| 序号 | 名称 | 申请金额/元 | 复核金额/元 | 备注 |
|---|---|---|---|---|
| 1 | 已预留的质量保证金 | 2624509.60 | 2624509.60 | |
| 2 | 应增加因发包人原因造成缺陷的修复金额 | 0 | 0 | |
| 3 | 应扣减承包人不修复缺陷、发包人组织修复的金额 | 0 | 0 | |
| 4 | 最终应支付的合同价款 | 2624509.60 | 2624509.60 | |
| | | | | |
| | | | | |

　　　　　　　　　　　　　　　　　　　　　　　　　　　承包人（章）

造价人员：×××　　　承包人代表：×××　　　　　　日　　期：××年×月×日

复核意见：
　□与实际施工情况不相符，修改意见见附件。
　☑与实际施工情况相符，具体金额由造价工程师复核。

　　　　　监理工程师：×××
　　　　　日　　期：××年×月×日

复核意见：
　你方提出的支付申请经复核，最终应支付金额为(大写)贰佰陆拾贰万肆仟伍佰零玖元陆角零分(小写2624509.60元)。

　　　　　造价工程师：×××
　　　　　日　　期：××年×月×日

审核意见：
　□不同意。
　☑同意，支付时间为本表签发后的15d内。

　　　　　　　　　　　　　发包人（章）
　　　　　　　　　　　　　发包人代表：×××
　　　　　　　　　　　　　日　　期：××年×月×日

注：1. 在选择栏中的"□"内做标识"√"。
　　2. 本表一式四份，由承包人填报，发包人、监理人、造价咨询人、承包人各存一份。

# 参 考 文 献

［1］ 中华人民共和国住房和城乡建设部. GB 50500—2013 建设工程工程量清单计价规范 ［S］. 北京：中国计划出版社，2013.

［2］ 中华人民共和国住房和城乡建设部. 《建设工程计价计量规范辅导》 ［M］. 北京：中国计划出版社，2013.

［3］ 中华人民共和国住房和城乡建设部. GB 50857—2013 市政工程工程量计算规范 ［M］. 北京：中国计划出版社，2013.

［4］ 彭以舟，刘云娇. 市政工程计价 ［M］. 北京：北京大学出版社，2013.

［5］ 闫晨. 市政工程 ［M］. 北京：中国铁道出版社，2012.

［6］ 高宗峰. 市政工程工程量清单计价细节解析与实例详解 ［M］. 武汉：华中科技大学出版社，2014.

［7］ 张麦妞. 市政工程工程量清单计价知识问答 ［M］. 北京：人民交通出版社，2009.

［8］ 杨伟. 新版市政工程工程量清单计价及实例 ［M］. 北京：化学工业出版社，2013.

［9］ 曾昭宏. 市政工程识图与工程量清单计价 ［M］. 哈尔滨：哈尔滨工业大学出版社，2012.

［10］ 王云江. 市政工程预算快速入门与技巧 ［M］. 北京：中国建筑工业出版社，2014.

［11］ 刘利丹. 看例题学市政工程工程量清单计价 ［M］. 北京：化学工业出版社，2013.

# 新书推荐

## 《市政工程造价实例一本通》（第2版）　　张国栋 主编

本书主要内容为市政工程造价实例，包括某市政道路工程、某化工厂取水管道工程、某岩石隧道工程、某地铁隧道入段线轨排坑工程和某道路新建排水工程等七个案例。本书可供市政施工、监理、工程咨询单位的工程造价人员，工程造价管理人员，工程审计人员等相关专业人士参考，也可作为高等院校经济类、工程管理类相关专业师生的实用参考书。

书号：978-7-111-51184-7　定价：42.00 元

## 《市政工程工程量清单计价实例详解》　　张琦 主编

本书根据最新颁布实施的工程计价相关的标准、规范为依据，较详细地、系统地介绍了市政工程工程量清单报价的编制方法。主要内容包括市政工程清单计价、市政工程量清单计价的编制、市政工程工程量清单计价与实例、市政工程工程量清单计价编制实例等内容。本书的计价理论与方法通俗易懂，并结合实际情况，列举了详实的例子，具有较强的实用性。

书号：978-7-111-49609-0　定价：45.00 元

## 《市政工程造价员图表快速入门手册》　　段坤 编

本书以《建设工程工程量清单计价规范》（GB 50500—2013）、《市政工程工程量计算规范》（GB 50857—2013）为依据介绍。本书适用于市政工程造价人员、造价审核人员，也可供市政工程工程量清单编制、投标报价编制的造价工程师、项目经理及相关业务人员参考使用，并可作为相关专业院校师生的参考用书。

书号：978-7-111-49035-7　定价：45.00 元

## 《市政工程预算一例通》（第2版）　　本书编委会 编

本书以《建设工程工程量清单计价规范》（GB 50500—2013）、《市政工程工程量计算规范》（GB 50857—2013）等为依据，以快速学会预算为目的，以一个工程实例说明预算过程。本书适用于建设工程造价人员、造价审核人员，也可供建筑工程工程量清单编制、投标报价编制的造价工程师、项目经理及相关业务人员参考使用，同时也可作为相关专业院校师生的参考用书。

书号：978-7-111-47190-5　定价：32.00 元

亲爱的读者：

感谢您对机械工业出版社建筑分社的厚爱和支持！

联系方式：北京市百万庄大街 22 号机械工业山版社　建筑分社　收　邮编 100037

电话：010—88379250　　E-mail：cmpjz2008@126.com

# 新书推荐

## 《一图一算之市政工程造价》（第2版）　张国栋 主编

本书主要内容包括有土石方工程、道路工程、桥涵护岸工程、隧道工程、市政管网工程。按照《建设工程工程量清单计价规范》（GB 50500—2013）和《市政工程工程量计算规范》（GB 50857—2013）中"市政工程工程量清单项目及计算规则"，以规则—图形—算量的方式，对市政工程各分项工程的工程量计算方法作了较详细的解答说明。

书号：978-7-111-44786-3　定价：34.80 元

## 《看范例快速学预算之市政工程预算》（第3版）　本书编委会 编

本书以《建设工程工程量清单计价规范》（GB 50500—2013）、《市政工程工程量计算规范》（GB 50857—2013）为依据，以快速学会预算为主线，分为市政工程预算概述和组成、市政工程定额、工程量清单计价、市政工程定额计价与工程量清单计价的编制以及某市政工程预算范例共五章。本书供市政工程造价人员、造价审核人员，也可供市政工程工程量清单编制、投标报价编制的造价工程师、项目经理及相关业务人员参考使用，同时也可作为高等院校相关专业师生的参考用书。

书号：978-7-111-44087-1　定价：39.80 元

## 《36 问与 10 例详解市政工程造价》　张国栋 主编

本书主要内容包括土石方工程、道路工程、桥涵工程、隧道工程、给水排水工程、燃气与集中供热工程、照明景观工程及地铁、钢筋、拆除工程等造价方面的内容。本书按照《市政工程工程量计算规范》（GB 50857—2013）及《全国统一市政工程预算定额》中的工程量计算规则编写，以 36 个问答讲解理论，以 10 个例子讲解计算方法的形式，对工程量计算的方法进行了详细的解释说明，使读者能快速熟悉相关知识，掌握工程量计量的方法。

书号：978-7-111-43873-1　定价：39.80 元

## 《工程造价资料便携手册》　周信 编

本书以现行的新规范和技术标准为依据，将涉及的有关数据进行了整理分类，便于读者查阅使用。内容主要以表格形式罗列数据，通俗易懂，查找快捷，并配有部分实例，是建筑工程造价人员必备的工具用书。本书主要内容包括：工程造价常用基础数据、建筑工程量计算及数据资料、装饰装修工程量计算及数据资料、安装工程量计算及数据资料、建筑面积计算、工程造价构成和计算。

书号：978-7-111-52448-9　定价：34.00 元